みちくさ 琉球弧・花めぐり

A book for finding flowers in Ryukyu Islands

写真・文　原　千代子

南方新社

はじめに

本書は、奄美の野山の身近な草花を題材に２００７年5月から南海日日新聞に連載した写真エッセー「みちくさ」の原稿を、写真と文の一部を加筆修正し、連載当時の植物分類体系から新しいＡＰＧ分類体系に変えたものです。

季節ごとに移り変わる野山の風景や草花、垣根や庭の花、足元の小さな花たちに目を留めることができるのは心のゆとりであり、癒しにもなると思う。わざわざ遠くに出かけなくても、街中での植物観察もなかなか楽しいもの。「みちくさ」気分でちょっと寄り道、回り道。毎日出会う草花たちの名前が分かれば、さらに楽しいだろう。

毎年、同じ場所に同じ花が咲き続けること、毎日がつつがなく繰り返されることがどれだけ大切で幸せなことか。私自身、この花たちと向き合う時間が日々を乗り切る力となり、野山を巡る時間が心の整理、切り替えになっていた。

皆さまにとっても、本書が身の回りの小さな幸せ探しの一助になれれば幸いです。

子育てが一段落したタイミングに植物にも詳しかった奄美民俗学研究家の里山勇

廣氏に出会えたことに始まり、周囲の方々の様々な協力のおかげで写真や植物に素人の私が本書の出版にまでたどり着くことができました。新聞連載もすでに12年目、300回近くになり、改めて読み返してみると、つたない私の文に担当の方々がさぞかしご苦労なさっただろうと、感謝でいっぱいです。

植物に関しての様々なご指導を下さった田畑満大氏をはじめ、植物仲間、撮影指導をしてくれた友人、常に声をかけて下さった新聞購読者の方々、新聞連載の機会を下さった南海日日新聞社、高槻義隆氏、出版を引き受け下さった南方新社の向原祥隆代表とその後押しをして下さった仲川文子氏に心から感謝申し上げます。

原　千代子

2019年

目次

題字／めい子
装丁／オーガニックデザイン

みちくさ 琉球弧・花めぐり

A book for finding flowers in Ryukyu Islands

ヒメキセワタ 浦々歩きの巡り会い

表情豊かなヒメキセワタの花
（2007.4.1 撮影）

「えっ、こんな所に？」と思うほど身近な所で出会える絶滅危惧種。谷あいに深く入りこんだ山裾の小道や畑地の近く、時には人家周りに群生することもあるが、大抵は工事の影響や頻繁に草が刈られる場所ばかりなので、残念ながら花を見るチャンスは少ない。

草丈30センチ足らずで、うっすらと紅を帯びた花の径2センチほど、野生種にしては結構大きめで、しゃべりかけてきそうな花の表情が愛らしい。日本本土に分布し、高さ1メートルにもなるキセワタ（着せ綿）の名は、花びらが白い毛で覆われた様子を「まるで綿を着せたようだ」と表現したもの。本種はそれに似て、うんと小さいので「姫」が付く。アップで見るとこちらの方もちゃんと綿を着ていた。

『レッドデータプランツ』（山と渓谷社）によると、九州と中国大陸の一部にわずかに生育する大陸系の残存種とあり、奄美が大陸と繋がっていた頃の「生き証人」ということになる。すぐそばにいる大事な証人も花が無ければ地味で目立たず雑草扱い。「そんな貴重なものを刈ってしまうなんて」と思うかもしれないが、草刈がなければ、日光を好む小さな植物たちは、他の成長の早いものに負けて生き延びてはいけない。逆に人の力が利用できる場所を選んだとも言えるだろう。

深山に分け入るワクワク感とは違うけれど、もしかしたら、こんな絶滅危惧種との出会いもありえる、浦々、ヤンクシ（家の裏）歩きもまた楽し。

・シソ科
・漢字表記／姫着せ綿
・分布／九州南部以南

オキナワジイ
島人に尽くし続けた

冬山の観察会で、この木の実は大人気。豊作で踏み場のないほど落ちた実を「孫のために」と言いつつ拾い、子供の頃を思い出しながら鍋でいって食べてみたら……なかなかいける。「食」のほとんどを自分たちで賄っていた時代、この実は大切な保存食だったと聞く。

黄金色のオキナワジイの花
（2005.4.10 撮影）

奄美大島の森の大半を占めるシイの木は、耕作のために焼き払われ、家や道具を作るのに切り倒され、薪《まき》として燃え尽きてもなお、灰汁《あく》となって島人に尽くしてきた。切り出された木を満載にしたトラックが、ひっきりなしに走った半世紀前は大事な現金収入の元でもあった。奥山には奇跡的に高さが十メートルを超える巨木も残ってはいるが、ほとんどは切り倒されてしまったので風格のある大樹に出会うのはまれ。彼らの命と引き換えに今の私たちがあると言っても過言ではないだろう。

本土に分布するスダジイ（イタジイ）と同じ扱いをすることもあるが、それよりも実が大きいことと実を包む殻斗に違いが見られることでオキナワジイとして分けることもある。タブノキやイジュ、モッコクなどの鮮やかな紅の芽吹きが落ち着き、黄金色のシイの樹冠がわき立つように現れだすと、山そのものが巨大なブロッコリーに見えてくる。

言葉にできないほどの様々な萌えの色が連なる山の眺めは圧巻。まるで大地が生きている証しを見せ付けているかのような照葉樹（常緑広葉樹）の森の春である。

- ブナ科
- 漢字表記／沖縄椎
- 分布／奄美大島以南の琉球列島固有

オオジシバリ 増え続ける花畑

寒さに縮こまっていた心身を思いっきり解き放ちたくなるようなポカポカ陽気に誘われ、気分よく出かけた道端でこんな見事な花畑を見つけた。ジシバリ（地縛り）に似て全体が大型なのでオオジシバリ（大地縛り）。道端や畑の土手、田の畦、空き地などの日当たりのいい所を好むのはどちらも同じだが、ジシバリが乾いた場所を好むのに対して本種はやや湿り気のあるところを選ぶようだ。

道端を彩るオオジシバリの花
（2011.4.10 撮影）

ジシバリの名は、這うように伸びる茎の所々から根を下ろしながらどんどん広がり、びっしりと地面を覆い尽くしてしまう様子を「地を縛る」と表現したもの。写真の株の根元に地中や地表面で盛んに広がっている増殖用の赤い茎が見える。もともと、奄美に自生する種ではあるけれど、近年は道路工事や公園工事などに伴った島外出身のものと思われる大きな群落が増えてきているようだ。

海岸近くに生えて葉に厚みのあるタイプをアツバジシバリ（厚葉地縛り）、葉に深い切れ込みのあるタイプをキレバジシバリ（切葉地縛り）やミヤコジシバリ（宮古地縛り）として分けることもあるが、変化が微妙で区別は難しいらしい。いずれも茎葉に苦味があるため、奄美では、仲間のホソバワダンなどとひとまとめにして方言名ニギャナ（苦菜）。

もろい茎は簡単にちぎれ、そのひとかけらからでも再生するのでなかなか根絶やしにできない畑の雑草ジシバリたち、潔く切り離すのも子孫繁栄のため。

・キク科

・漢字表記／大地縛り

・分布／日本全土

ナンゴクネジバナ
スリムな八方美人

ねじれて咲くナンゴクネジバナの花
（2010.4.11 撮影）

クルクルとらせんを描いて咲き上がる、なんとも不思議で愉快な花。ネジバナの名は花穂がねじれて見えるネジレバナ（捩れ花）からきたらしい。

高さ10～40センチと言えば大きく思えるが、線香のような細い茎に並ぶ花は米粒ほどで、根元に集まる細い葉は他の草に紛れてしまうため、一本ずつがバラバラに立っていてもあまり目立たない。興味のない人は目にも入らないらしく、踏んで歩くのがおちで、「これでもラン（蘭《らん》）の仲間です」の説明に、「へ～、これが？」と特別な視線でのぞき込むのはこちらの期待通り。

じっくり見たら、小粒ながらも立派なランの花、左巻きに右巻き、ねじれも自在なら、花色も純白から鮮やかなピンクまでグラデーション豊か。ねじれの理由は、四方八方に魅力を振りまけば、昆虫たちがどの方向から来てもＯＫということのようだが、細い花茎が花の重さで曲がらないようにバランスを取っているのだとも。道端や原野の草地、公園の芝地などで見られる最も身近なラン科植物で、それこそ雑草の如く発生することもあるが、他の植物が伸びて日当たりが悪くなると消えてしまうので、定期的に草が刈られるのが理想。

日本各地に分布するネジバナの花穂には細かい毛があるのに対し、奄美大島以南のものは無毛なので、変種のナンゴクネジバナ（南国捩花）として区別されるが、芝地などではまれに有毛のネジバナタイプも見られる。

・ラン科
・漢字表記／南国捩花
・分布／伊豆七島、奄美大島以南

不思議な形のオオハンゲの花
（2008.4.13 撮影）

オオハンゲ
藪の中から怪しい顔

自慢じゃないが、私はかなり強気の小心者である。大抵は一人で出かける花の撮影だが、うっそうとした森の中や草藪などは、内心ドキドキ、ハラハラ。

たっぷりと湿気を含んだ風を感じ始める頃、「島の守り神たち」が動き出す合図のように、山道の藪の中からこんな花が顔を出し、その辺りに咲くと分かっていても、一瞬、腰が引けてしまう。本土に分布する仲間で、蛇が鎌首を持ち上げたような花のマムシグサ（蝮草）の不気味さには及ばないにしても、「青大将」くらいの貫禄はあるだろうか。

名は、漢方名を「半夏《はんげ》」と呼ぶカラスビシャク（烏柄杓）に似て、それよりも大きいことから、オオハンゲ（大半夏）。高さ50センチほどで、葉がムサシアブミにも似るが本種の方がやや細身。花のように見える部分は葉が筒状に変化した「仏炎苞《ぶつえんほう》」で、仏像の背後にある炎型の飾りに似ている。

中から怪しく伸びるヘビの舌のようなもので昆虫を筒の中へと誘うと、その付け根には本物の花が待っている。小さな昆虫たちが上下に分かれた雄花、雌花の部屋を行き来することで受粉が完成する仕組み。この花筒はUターン禁止の狭いトンネルで、入ったら最後、引き返すことのできない一本道。

手探りで突き進むしかない時もある人生と、虫の気持ちが重なるが、花の一番下には小さな出口がちゃんとある。

・サトイモ科
・漢字表記／大半夏
・分布／本州中部以西、四国、九州、琉球

サカキカズラ
実の季節に大変身

林縁部の樹木などに絡まって伸び上がる常緑藤本。名は、しっかりとした形で艶のある葉が榊に似ることからで、葉の長さは通常10センチ前後だが、幼木のうちは、かなり大きな場合があって別物のように見え、判断に迷うことも。

成長した株は幹の径5センチ以上、長さは4メートルを超える。特に珍しい存在ではないけれど、どこにでも生えているわけではない。蕾《つぼみ》の付く頃に撮れそうな場所を見つけておき、咲き具合を見回るのだが、なかなか思い通りには咲いてくれない。日当たりのいい場所を好むらしく、交通量が多くてゆっくり撮影できないような道端に限って満開に咲いているのを、指をくわえて通り過ぎることが度々。

径1センチほどで、風車や卍《まんじ》を思わせる花は、同じ仲間のリュウキュウテイカカズラ（琉球定家葛）によく似ているが、本種の方は咲いても花びらはねじれたままなので、とても地味。ところが、実の季節になってびっくり。あの小さな花からどうしてこんな果実ができるのか、対になって左右に突き出た太い角型の実は、片方の長さが10センチほどもある。

冬を越す頃に硬い殻が裂け、絹糸のような長い毛を付けた種子を風に乗せる。つるがとても強靭《きょうじん》で「ティル（背負い籠）」のひもを通す耳の材料に使われるので、住用、宇検辺りでは方言名ミンツィクィ（耳付け）、茎が黒味を帯びることからクルミカズラとも。

・キョウチクトウ科
・漢字表記／榊葛
・分布／本州（千葉県以西）以南

ねじれた花びらのサカキカズラの花
（2012.4.14 撮影）

ハゼノキ
近寄るべからず

雄しべが目立つハゼノキの花
（2004.4.23 撮影）

「あっ、ハジギ（櫨木）だ」と言ったら、すかさず両手で耳を塞ぐ友人。聞けば、その名を聞いただけでかぶれるそうな。

実際にそんなことがあるのかどうかはともかく、樹液に触れるとひどい目に遭うこの木に大抵の人は近寄りたくはないだろう。しかし、この嫌われものがもてはやされた時代があった。まだローソクが貴重品だった江戸時代、奄美にはその原料となるハゼノキがいっぱいで、本土に自生するヤマハゼ（山櫨）よりも果皮から採れる木蝋《もくろう》が優良、高値で売れるので、それに目をつけた薩摩藩は、植栽を促して黒糖と共に重要な財源にした（『名瀬市誌』より）。徐々に他藩でも栽培されるようになり、野生化したとか。本来、本土にはなかったこの種を、在来のものと区別する為にリュウキュウハゼ（琉球櫨）と呼んでいたのが、あまりに優秀なので、初めはヤマハゼを指していたハゼノキの名を、よそ者のリュウキュウハゼが乗っ取ってしまった。

ハゼの語源は、ヤマハゼの古い呼び名ハニシが転じたものとか、枝を折る際に弾け裂けるからとか諸説。奄美の秋の山を染める紅葉風景の主役であり、一斉に芽吹く春の新緑も美しいが、優れものの実や茂った葉の陰に咲くこの花房は、どれほどの人に気付いてもらえるだろうか。

子供の頃、枝をこすりつけてもかぶれなかったのだが、五十路を過ぎて初めてハジマケ（櫨かぶれ）をしてしまった。

・ウルシ科
・漢字表記／櫨の木
・分布／本州（関東地方以西）以南

ハマボッス
海辺の花畑の主役

払子の形？ ハマボッスの花
（2011.4.24 撮影）

今、海辺が花盛り。砂浜はもちろん、今にも潮がかかりそうな岩場まで様々な花であふれている。少し肌寒い潮風を感じながら北大島の白砂の浜を歩いてみた。小高い砂丘の斜面をハマダイコンやハマボッスの淡い色が覆い、その足元でキク科のオオジシバリの黄花がアクセントをつけている。大人の背丈よりも高く豪快に花枝を突き上げたハマウド、とげだらけの大きな葉を何段も重ねて咲き立つシマアザミは、まるでドレス姿の貴婦人のよう。波打ち際では、打ち寄せられた木くずやごみの中でハマヒルガオの優しいピンクが揺れる。青い海と対を成して広がる天然の花畑の中に立っていると、まさに奄美が癒しの島だと実感できるかもしれない。かがみこまなければ分からないほどの小さな花まで数え上げればきりがないが、なんと言っても花畑の主役はこのハマボッス。円座状に束ねた肉厚の葉を、地に張り付けて海端の厳しい冬を越し、花の季節になると茎葉が伸び出し高さ10～40センチほどに。

真っすぐな茎の先に球形に花が集まる姿を仏具の「払子《ほっす》」に見立て、浜辺に咲くのでハマボッス（浜払子）の名がある。群生しているとピンとこないだろうが、写真のように孤立した小さな株は名前のその特徴がよく出ていると思う。払子なんて知らなかった私は、一本立ちの小さな花株に楽器のマラカスを想像したものだった。

秋、冬には立ち枯れ、茶色の茎だけが立っている姿は全く違う雰囲気なので、思わず「これ、何だっけ」。

・サクラソウ科
・漢字表記／浜払子
・分布／日本全土

ヒメキランソウ
小粒のつわもの

砂浜に咲くヒメキランソウの花
(2011.4.24 撮影)

地を這って伸びる茎の節々から根や葉を出して新たな株をつくり、やがては地表面をびっしりと覆ってしまうほどの繁殖力。茎をちぎって土に挿すだけで簡単に増やせ、花は小さいけれど色鮮やか、葉も艶があって美しいとなれば、当然、栽培もされ、踏まれ強いのでグラウンドカバーとしても人気がある。

山裾の道端や畑に生え、「医者要らず」の別名を持つ仲間のキランソウ(金瘡小草)が、紫色の花がランに似ることから初めは「紫蘭草《しらんそう》」と呼ばれていたものが訛り、本種はそれより小さいので「姫」が付くが、花の美しさでは負けてはいない。

「金瘡小草」は漢名から。花が大きめで、ピンクや白花の園芸品もあり、土と一緒に運ばれたらしきものが道端で野生化していることも。近ごろは庭や公園などにもよく植えられている本種だが、本来の姿は海辺にあり、写真は奄美北部に広がる砂丘で写したもの。海岸沿いの遊歩道を歩くだけで自然の状態に会えるが、砂地からかろうじて顔をのぞかせている花の径は1センチ前後、茎や葉はほとんど砂の中なので、よほど意識しないと見過ごしてしまう。厚みのある葉や砂中で広がる茎は、塩害や強い日差しに耐えるための海岸植物独特のつくり。

花の盛りにはまだ早いけれど、砂の布団に包《くる》まって寒風に耐え、いち早く顔をのぞかせたこの花を見つけて、思わず立ち止まってしまった。

・分布/九州南部以南
・漢字表記/姫金瘡小草
・シソ科

マツバウンラン
群れ咲く風情は春霞

北アメリカ原産の帰化植物で、1941年に京都で初めて確認され、今では西日本各地で普通に見られるらしい。

奄美には芝生に紛れ込んで来たと思われるものが、造成地や公園の芝地で花畑を作り、一面に咲き乱れる花穂は風が吹くと波打つように揺れ、まるで薄紫の霞がたなびくようである。

私が初めて本種を見たのは住用町の内海公園の芝地。1996年のことだが、公園工事の年代から考えると20年以上前にはすでに入り込んでいたことになる。新しくできた公園にしばしばこの花畑が出現するが、他の植物に負けてしまうのか、数年ほどでほとんど姿を消してしまい、内海公園のものも、今では隅っこで細々と咲いているだけ。

冬の間は、マツバボタンそっくりな肉厚の葉で地に張り付いて過ごし、春になると細長い花茎を立ち上げて高さ50センチほどに。なんとなく花を見ていて変だと思ったのは、普通、花には雄しべや雌しべが必ずあるものだが、どこにも蕊《しべ》が見当たらない。花びらのずっと奥に蕊があり、蜜はさらに奥。それを知っている虫だけがご馳走にありつけるわけで、こんな形の花を「仮面状花」と呼ぶらしい。花が海辺に咲くウンラン（海蘭）に似て、茎に付く細い葉が松の葉を思わせることからマツバウンラン（松葉海蘭）。

帰化植物とは言え、品格さえ感じる色、形のこの花のファンは私だけではないはず。

新たな公園ができるとワクワクしながら会いに行く。

・オオバコ科
・漢字表記／松葉海蘭
・分布／北関東、北陸地方以西

蕊の見えないマツバウンランの花
（2008.4.30 撮影）

イイギリ 美しく、堂々たる大木

緑色のイイギリの花
（2003.5.1 撮影）

イイギリの魅力は、なんと言っても秋から冬にかけての実の季節。高さ15メートル以上にもなる落葉樹で、樹形も美しく、その堂々たる大木の枝にぶら下がる鮮やかな朱色の実の房は、誰もが一度見たら忘れられないほど。日当たりが良く、湿り気のある場所を好むので、谷に落ち込む斜面や川沿いに多く、実をいっぱいに付けて立ち並ぶ風景は圧巻である。おいしそうな色の実は、さぞかし野鳥たちに人気かと思うのだが、結構、後まで実が残り、野鳥の渡りが少ない年にはそのまま枯れているのを見れば、見た目ほどおいしくはないということだろう。子供の頃に身近に無かったのか、木の高さが災いしてか、野山の実を手当たり次第食べたはずなのに味の記憶が無い。うわさによるとかなりまずいらしい。

実の鮮やかな印象に比べ、新しい葉の茂る今の時期に咲く30センチほどの花房は、緑を帯びた控えめな色。雌雄の株が別々にあり、写真は雄花で、花びらは無く、それらしく見えるのは萼《がく》である。高級家具や下駄材として重宝されるゴマノハグサ科の「きり（桐）」とは異なる種類だが、軽くて緻密な材は、器具や下駄の材料として利用され、葉の形も桐に似ている。

イイギリ（飯桐）の名は、昔、この木の広い葉で飯を包んだからとか。奄美での呼び名は、キリ（桐）、キルキ（桐の木）、ウフバキルキ（大葉桐の木）、他にもキュギ、アンギなどがあるのだが、残念ながら意味は分からない。

・ヤナギ科
・漢字表記／飯桐
・分布／本州以南

キキョウラン
紛らわしい名前

5月に入った途端、突然の梅雨入りで、楽しみにしていたダーナ（ホテイチクの子）収穫に行けたのは2度目の日曜日だった。幸運にもその日は晴れ、さらに運のいいことに雨続きのせいか先客も無しで大収穫。膨大なごみの出る皮むきは現場でと、林道脇でもくもくと作業をこなす。

美しい色のキキョウランの花
（2005.5.5 撮影）

迷惑なブトゥ（ブヨ）の集団とたっぷり湿気を含んだ空気がしつこくまとわり付くが、山の木々にとってこの気候は絶好のようで、こちらのエネルギーまでも吸い取られそうな勢いを感じる。深緑に変わりつつある森に響きわたるアカショウビン、サンコウチョウの声も手伝って、この上なき満足感。重い収穫物を担ぎ、休み休み登った帰りの坂道、行くときには気付かなかったキキョウランの花が目に飛び込んできた。キキョウ（桔梗）やラン（蘭）の仲間でもないのに紛らわしいその名は、キキョウの花色とランに似た葉の様子からくる。

沿海地を好むので、よく海岸などで大きな群落を作っているが、農道や林道などでも見かける普通種。高さ50センチ以上、細い花茎の先に付く径1センチほどの花は、立派な葉に対して意外に小さくてまばら。花びら6枚に見えるが、外側3枚は萼《がく》が進化したもので内側3枚が花びら。

間近で見る花の色と形、熟した果実の濃い紫は息をのむほど美しい。

以前はユリ科だったが、新しい分類体系ではススキノキ科に。

・ワスレグサ科
・漢字表記／桔梗蘭
・分布／本州（紀伊半島）以南

コマツヨイグサ
心くすぐる夜の花

日没に咲き始めたコマツヨイグサの花
（2016.5.5 撮影）

日暮れ（宵）を待っていたかのように咲き出すマツヨイグサ（待宵草）。マツヨイグサよりも小型の本種はコマツヨイグサ（小待宵草）で、花の径2～3センチほど。

北アメリカ原産で日本には1910年代に入ってきたとされ、現在は本州以南の河川や海岸の礫地などで普通に生えている。奄美大島でもかなり居心地がいいようで、砂浜はもちろん、沿海地の道端や空き地、市街地や公園、かなり高い位置の林道に至るまで進出済み。放射状に広げた葉で冬を越し、春の訪れとともに這うように四方に茎を伸ばして一面を覆う大株に育つことも。花期が長く繁殖力も強いので、在来植物の生態系を崩す恐れのある要注意外来生物に指定。工事後の道端に現れる高さ1・5メートルほどのオオマツヨイグサ（大待宵草）やアレチマツヨイグサ（荒地待宵草）も北アメリカ原産で夜咲き。

虫たちに確実に花粉を運んでもらうために、競争率の激しい昼間を避けて闇夜に咲く道を選んだこの花たちの俗名はツキミソウ（月見草）だが、本当のツキミソウは白花で別の種。「待宵草」を間違えたと言われる竹久夢二の詩歌「宵待草」や風情ある「月見草」の名から考えると、暗闇に浮かび上がる儚げな花たちは人の心をくすぐるのだろう。

夕方のまだ明るいうちに咲き出すので自然光での撮影も可能で、写真は、近くの海岸で迫り来る宵と競争しながらの一枚である。

・アカバナ科
・漢字表記／小待宵草
・分布／本州（関東地方以西）以南

アメリカネナシカズラ
根も葉もない怠け者

道端で見かけるこの奇妙な物体は、根も無ければ葉も持たず、暮らしの糧をすべて他の植物から奪って生きている寄生植物なのだ。「破り捨てられたネットのよう」だとか、「ぶちまけられたラーメン」に例える人も。

海岸の草地で干し網のように広がっているのがスナヅル（砂蔓）で、よく似ているがこちらはクスノキ（楠木）の仲間。細くて縮れた感じの本種に比べ、ストレートタイプのスナヅルを「浜ソーメン」と呼ぶ地域があるが、太めなのでソーメンよりうどんに似ていると思うのだが。

絡み合って咲くアメリカネナシカズラの花
（2015.5.7 撮影）

初めは土から芽生えるが、すぐに他の植物を探して絡み付き、つるにある吸盤で相手から養分を吸えるようになると自分の根は枯れ、その後は「根無し草」で生きていく。無数のつるが絡み合いながら、幾重にも重なって伸び広がる風景は動物的でちょっと不気味でもある。細いひものような姿からは想像できないが、アサガオと同じ仲間で、よく見れば、小さな花だがなかなか愛らしい。

昭和40年代、東京に現れた北アメリカ原産の帰化植物で、瞬く間に全国に広がり、奄美デビューは昭和62年、名瀬市の大浜海岸。その後、年々広がり続けて「ぶちまけられたラーメン」の光景は奄美大島全域の道端で見られるようになった。

養分を吸い尽くされた宿主たちがすっかり枯れてしまうと、自分も枯れる定めのこの植物、その間にたくさんの花を咲かせ、しっかりと次の世代を残している。

・ヒルガオ科
・漢字表記／亜米利加根無蔓
・分布／日本全土

ヒイラギズイナ
大人になると大変身

ブラシのようなヒイラギズイナの花
（2008.5.8 撮影）

大きくなるにつれ名前が変わる出世魚。植物界には、名前は変わらないが大人になると別物のように変身する者たちがいる。身近なところでは、つる性で果実がおいしいイチジクの仲間オオイタビやヒメイタビ、少し奥地の湿り気のある場所に生えるシマユキカズラやアバタマユミ、木本のアマミヒイラギモチやヒイラギズイナなど。いずれも若いうちの葉は縁にとげがあったり、とがったりしているが、成長するに連れて徐々にとげも角が取れて優しい丸い形になっていく。本種とアマミヒイラギモチの幼木はよく似ているので間違いやすいけれど、ヒイラギモチが生えているのは湯湾岳とその周辺の山頂部だけなので、他の場所で見かけるのはほぼ本種だと思っていいだろう。ズイナ（髄菜）は、枝の髄を灯芯に、若芽を食用にした木の名前。その仲間で、幼い葉がヒイラギ（柊）に似ているのでヒイラギズイナである。林縁部から山頂部まで点々と生え、高さ5～10メートルほど、長さ10センチ弱のブラシ状の花穂が満開になると雪を冠ったように見事だが花付きは悪い。

奄美方言チューサシギ（人刺し木）はとげのある葉の姿から、住用付近での呼び名コウユスの正確な意味は分からないが、木に詳しい知人曰く「川の近くに生えるイスノキ」の意味ではないかと。生える場所が川のそばに限られるわけではないけれど、確かに渓流伝いの道端で多く見かけるし、成木はイスノキとよく似ている。

奄美が分布の北限となる鹿児島県の準絶滅危惧種。

・分布／奄美大島以南
・漢字表記／柊髄菜
・ズイナ科

コモウセンゴケ
荒野の小さなハンター

花を付けていなくても、地面にペタリと張り付くヒトデ形の赤い葉が印象的。競争相手はいないが栄養もなく、もちろん水分も少ない、不毛地帯としか言いようのない所に好んですみ着いている。

そこでは大好きな太陽を独り占めできるのだが、不毛の土地で生きていくにはかなりの知恵と根性が要る。そこでこの花が編み出したのが、無駄な力を使わず、食料がくるのをじっと待って捕まえる技だった。緑の葉を覆う細かい毛は、日当たりがいいほど赤色が際立ってとても魅力的で、荒地を旅するアリたちにはオアシスに見えるだろう。気持ちよさそうな赤い絨毯につかの間の癒しを求めて迷い込んだら最後、二度とは出られない。毛の先から粘着性の消化液を出し、動けなくなった獲物を徐々に消化する「食虫植物」なのだ。小さなハンターの葉の上には気の毒なアリの干からびた死骸が残っていた。「ずぼらで残酷」だとも思うが、この狩猟能力があるから痩せ地でも生きていけるのだ。

花が咲いているのは、良く晴れた日中の数時間だけ。これはこの花のキューピットである昆虫たちの活動本能に合わせているらしい。決して無駄なエネルギーは使わない、省エネ植物なのである。

名は、赤い毛だらけの葉が苔のように群生する様子を、毛織の敷物「毛氈《もうせん》」に例えたもの。他の草木の生えない岩壁に、この植物だけが巧みにたまる。目いっぱいのおしゃれをして獲物を待つかのように。

・モウセンゴケ科
・漢字表記／小毛氈苔
・分布／本州（宮城県）以南

日中にだけ咲くコモウセンゴケの花
（2007.5.9 撮影）

ウエマツソウ
豊かな森の象徴

かなりの密度で林道が網羅されているこの島で渓流を目指すには、まず山を下ることから始まり、帰りはもちろん上りである。難儀な岩場をさんざん歩き回ったあげく、目的が果たせなかった日の上り斜面の足取りは、重く、つらく、悲しい。

落ち葉の中に咲くウエマツソウの花
（2008.5.10 撮影）

「こんなに頑張ってるんだから、なにかご褒美をおくれ」なんて、虫のいい神頼みをしながらも獲物を探して目は皿のよう。目と地面の距離が近くなる上り傾斜が幸いして、下る時には気付かなかったものが見えることがあり、本当に褒美のような出会いが訪れるのです。

茎は糸のように細くて高さ10センチ足らず、花の径は5～6ミリ、「ほら、そこに」と指差されても、腐葉土と同化した色なので、すぐには分からない。上部が雄花で下部が雌花、葉は退化して葉緑素を持たず、落ち葉などを分解する菌に寄生し、自分では全く働かないで他人の賄《まかな》いだけで花を咲かせる腐生植物で、名は、高知県で初めて発見した植松栄次郎に因《ちな》んだもの。仲間のホンゴウソウやタカクマソウの他にも同じような生き方をする腐生蘭などが多く咲くのもこの季節。わざわざ探して会える代物でもなく、年中、歩き回っている人が偶然出会える褒美のような花たちなのだ。

腐葉土の豊かな奄美の森は腐生植物たちの楽園、微妙な環境の変化で消えてしまう彼らの存在は、自然サイクルのバロメーターと言えるだろう。

・ホンゴウソウ科
・漢字表記／植松草
・分布／本州中部地方以南

大木に咲くフトモモの花
（2003.5.12 撮影）

フトモモ
甘くて香ばしい果実

トンネルができてうれしいのは、峠越えが楽になることだけではない。これまで見ることのできなかった風景に会えることも楽しみのひとつだろう。和瀬峠を貫いた新たな長いトンネルは、見事な渓谷美を見せてくれた。蛇行する朝戸川を見下ろしながら緑の谷間を走ると、大型シダのヒカゲヘゴが南国ムードを盛り上げ、両側から勢いよくせまる山の樹木たちが季節を彩り、一年中、飽きることはない。

今の楽しみはフトモモの花、高さ10メートル前後もある木の枝先に黄緑色の大きなタンポポのような花をいっぱい付けている。東南アジア~インド原産の常緑樹で、実が甘くて香ばしいので食用として古い時代に沖縄に導入され、栽培もされたのだが味が淡白なのであまり普及せず、南西諸島や小笠原諸島で野生化、奄美の河川のかなり上流域でも自生種のように居座っている。果物がぜいたく品だった子供の頃、甘く香ばしいこの実は重宝で、競って探したものだった。奄美や沖縄での呼び名ホートー、フートーは中国名「蒲桃《ブータオ》」が訛ったもので、和名は琉球の方言名に由来するとか。

フトモモの木が多い朝戸川の流れる谷を、土地の人はフートー又《また》と呼び、住用町の役勝川沿い、役勝橋の架かるつづら折りの狭い道が続く辺りも名所のひとつで、ここはフートー曲がりだと教えてもらった。

・フトモモ科
・漢字表記／蒲桃
・分布／琉球、小笠原諸島で野生化

ノビル
棲みかは人のそば

ヒル（蒜）はネギ類の総称。奄美でもニラ（韮）はビラ、ニンニク（大蒜）をフルなどと、ヒルが転訛《てんか》したような呼び方がある。細長い筒状の葉と地中にできる球根はまさに野生のラッキョウ（辣韮）で、方言名はネィブルやビルなど。古代から食用、薬用として重宝され、現在も山菜グルメたちには人気者。人家の周囲、田畑の畦や土手など、定期的に草が刈られる日当たりのいい場所に生え、人々の生活に寄り添って生きてきた植物である。

ムカゴを付けたノビルの花
（2002.5.12 撮影）

冬の間フサフサと群生していた葉は、花の時期には倒れたり枯れたりで目立たなくなる上に、ちょうどサトウキビの収穫作業と春作物の植え付け準備に重なり、生えていたはずの土手は草が刈られて丸坊主。運よく刈り残された場所に数十株ほど見つけたが、たくさんの花芽があるにもかかわらず咲いているのはたったの1株。高さ50センチを超える線香のような茎のてっぺんで小さな花は風に揺れ、撮影もままならず、「こんなに花付きが悪いとは、前に出会った時にちゃんと写しておくのだった」と後悔しきり。

全ての蕾が必ず開くわけではなく、そのほとんどはムカゴ（零余子）と呼ばれる球根と同じ形の褐色の粒々になり、発芽してから落ちていく。地中で増える球根と地上のムカゴの両方で繁殖できるため、余計な力を使って花を咲かせなくてもいいらしい。晩秋に芽生えておよそ半年あまり、耕作のすき間という不安定な時期と場所で、大急ぎで確実に子孫を残せる技はお見事。

・ヒガンバナ科
・漢字表記／野蒜
・分布／日本全土

ヤンバルセンニンソウ
深い緑に純白のベール

梅雨を予感させるような生暖かい雨の上がった朝、さえざえと響き渡るアカショウビンの声を聞いた。車のラジオを止め、天然の声たちをＢＧＭにのんびりと山道を行く。芽吹きのにぎわいから落ち着きを取り戻した山の木々が雨に洗われ、これもまた深い緑がさえる。

十字型のヤンバルセンニンソウの花
（2007.5.13 撮影）

その山のあちらこちらに純白のベールがふわりと掛かり、近づいて見ると十字型の小花の群れ。四方に伸び広がるつるが他の樹木を覆ってしだれ咲く姿は、まさしく、木から木へ自由に飛び移る「白装束の仙人」のイメージ、と思いきや、「仙人草」と呼ばれる理由は全く別だった。花びらのように見える萼《がく》が散ったあとにできるたくさんの種子には、風に乗るための白くて長い毛があり、その毛を仙人の白いひげに例えたとか。姿は仙人でもこの仲間には毒があるので、間違って口にするとひどい下痢をおこすらしい。

ヤンバル（山原）は、常緑広葉樹林の広がる沖縄北部地域を指すが、種子島以南の島々にも広く分布している。海岸近くで全国版のセンニンソウが咲き始める頃、本種はすでに山奥で仙人になっている。

浮世のしがらみが煩わしくて、「仙人のような暮らしがしたい」なんて思ったりもするが、夜更かしもしたいし、暑い日にはクーラーも欲しい、おいしい物も食べたい、かすみだけでは生きていけない私は、煩悩だらけの俗人なのだ。

・キンポウゲ科
・漢字表記／山原仙人草
・分布／種子島、屋久島以南

ハマナタマメ
だれも食べない実？

海辺を彩るハマナタマメの花
（2007.5.13 撮影）

この花を見て、「どこか変」と感じた人は、たいした観察力。一般的にマメ科植物の花は、花屋さんで見るスイートピー型で、蝶《ちょう》の形に例えられ、最も広い花びらは上に反り返るのが普通だが、この花は逆さまなのだ。恥ずかしながら、何度も撮影していながらそれを知ったのは最近のこと。これはこれでバランスが取れていて、花の元に訪れる昆虫たちにはこの形の方が好都合なのだろう。海岸や沿海地の道端などに生えるつる植物で、大ぶりの3枚葉がよく目立つ。

福神漬けの材料で知られる熱帯アジア原産の栽培種ナタマメは、豆の莢が刃物の「鉈《なた》」の形に似ることからで、それに似た本種は海岸近くに生えることからハマナタマメ（浜鉈豆）である。丸々と太った莢は長さ10センチほどになり、中の豆も立派だが食べられている様子はない。自分で試すしかないと思案しているうちに、食べた人の記録を見つけた。やっぱり結果は吐き気に目まい、さらに下痢。間違えば死と隣り合わせの植物の毒抜きやあく抜きの術、それを完成させるにはかなりの失敗もあったはず。今、私たちが普通に口にする食物は、過去の人々の犠牲の上にあると言える。

グンバイヒルガオやハマササゲと共に、夏の浜辺を豪快に彩るこのつる植物、野生にしておくにはもったいないほど色鮮やかな花は、奄美を描いた田中一村の作品にも登場している。

・マメ科
・漢字表記／浜鉈豆
・分布／関東地方以西

コモチマンネングサ
辛抱強い子供たち

星のようなコモチマンネングサの花
（2012.5.13 撮影）

今の時期、海辺の道端や岩場をびっしりと覆う黄色の花が目に付く。あれは同じ仲間のシママンネングサ、奄美では見慣れたものだが全国的には絶滅危惧種である。茎や葉が肉厚で高さ25センチほど、大きな株を作り、がっしりとした印象で、他の植物に邪魔をされないような海岸端の明るい場所に生える。

一方、見た目はそっくりの本種だが、茎葉は軟弱で、空き地や道端、田畑の縁、庭などの湿り気の残るような所で他の草に紛れて生える全国的雑草。きらめく星を思わせる径1センチほどの花の美しさはシママンネングサに引けを取らないけれど、咲き方がまばらなのがちょっと残念。

葉の付け根に小さな芽（珠芽）を付けるため「コモチ（子持ち）」で、「万年」の名を持ちながらも花後には枯れてしまうのだが、倒れた親株には命を引き継ぐ子芽がちゃんと生きている。わずかな刺激でも親株から落ちて風雨の力で広がって根付き、子供の姿のままじっと春を待つ。人間だって知らぬ間に繁殖の手助けをさせられている。草取りの際に落ちた小さな芽は土に紛れて生き続けるので、なかなか根絶やしにできない畑の迷惑もの。

昆虫の働きにくい梅雨の頃に咲くためか、日本ではほとんど種子は作らないらしい。それなら無駄な力を使って花を咲かせなくてもいいことになるが、両方のシステムはセットということだろうか。ちなみにシママンネングサには、たくさんの細かい種子ができる。

・ベンケイソウ科
・漢字表記／子持ち万年草
・分布／本州以南

ハマニンドウ
一村の絵にも咲く

ワクワクするような新緑の山の緑の起伏ばかりに目を奪われていたら、いつの間にか道端ではたくさんの白い花たちが咲き出していた。

オオシマウツギ、クチナシ、ヒイラギズイナ、イジュ、つる植物のヤンバルセンニンソウ、リュウキュウテイカカズラ、コンロンカ、ハマニンドウなど。きっと、田中一村も癒されたのであろう、彼が好んで描いたこの花たちが咲きそろうと、奄美は間もなく梅雨。この時期、雨に濡れて咲く花の風情はどれも魅力的だが、特に、どこかはかなげで品の良さを感じさせるハマニンドウの花が好きである。

2色が混ざるハマニンドウの花
（2011.5.15 撮影）

林縁部の樹木などに絡まって伸びるつる植物で、名は、海岸近くに多く、厳しい寒さに耐えて冬の間も葉が残ることからハマニンドウ（浜忍冬）なのだが、内陸部でもごく普通に見られ、半常緑なので落葉もする。当たり前に温暖なこの島では「忍冬植物」ハマニンドウの名は、あまりあてはまらないだろう。

咲き初めは白色で後に黄色に変わるので、2色の花が混ざりあって咲く様に金銀花や金銀葛の名も。花色の変化は、虫たちへの受粉済みの合図とも言われている。奄美南部の島々には同じ仲間でそっくりの花を咲かせるスイカズラとヒメスイカズラが分布している。

スイカズラは「吸い葛」で、子供が花の蜜を吸うからとか、漢方薬としておできの吸い出しに使われるからとも。「忍冬」や「金銀花」は、その漢方名らしい。

・スイカズラ科
・漢字表記／浜忍冬
・分布／本州（中国地方）、四国（西半分）、九州以南

リュウキュウハンゲ
ヤンクシに咲く花

ビロード状のリュウキュウハンゲの花
（2018.5.17 撮影）

友人曰く「ヤンクシ（屋敷の裏）に咲く臭い花」、「アンモニアが好きなのだ」と言う人も。それほど花が臭いとは思わないが、どうやらハエなどが好むにおいを出しているらしい。畑や道端、空き地などの養分のたまりそうな場所でもよく見かけるが、生活排水が垂れ流しでじめじめしていた、ちょっと昔の「ヤンクシ」に多かったとなると、そう呼びたくもなる。ちなみにこの写真は墓地のごみ置き場で写した。やはり、においそうな場所が好きなのだろう。

名は、漢方名を「半夏《はんげ》」と呼ぶカラスビシャクに似ることからで、琉球の名が付くが分布は琉球列島だけにはとどまらない。花びらのように見えるビロード状の仏炎苞の中から鼠の尾に似た付属体が伸び、色も姿も妖しいが、さらに妖しいことに、この植物には3種の性が同居する。尾の付け根に黄色く見えるのが雄花、筒の中に雌花と中性花、生殖には無関係だとされる中性花が最も妖艶で立派なのはなぜだろう。たった1日で枯れてしまうエキゾチックな花はとても奥が深かった。

サトイモの仲間にしてはかなり小型で、大きな株でも高さ30センチほど、小粒ながら芋もあってよく増えるが、若い株には花は付けないようだ。同じような場所に生えるリュウキュウコスミレの葉にそっくりで、花がなくても見分けられればたいしたもの。

この個性的な花は市街地のビルのすき間にも咲いている。植物探検するなら、まずは「ヤンクシ」と足元から。

・サトイモ科
・漢字表記／琉球半夏
・分布／小笠原、九州南部（大隅、薩摩両半島）以南

シマセンブリ
雑草的な準絶滅危惧種

草地に咲くシマセンブリの花
（2018.5.17 撮影）

植物に興味のない人でも耳にしたことがあるだろうセンブリ。「千回振っても（煎じても）なお苦みが残り、効き目もある」ことからその名の付いた有名な薬草である。全国的には数が多い植物らしいのだが、奄美大島では限られた場所にしかない希少種なので、残念ながら天然ものを薬草として使うことはできない。シマセンブリ（島千振）は、南西諸島の島々に分布するセンブリの仲間で、茎葉をかじると苦味はあるのだが薬草としては使わないようだ。

沿海地の道端や公園、造成地などの日当たりが良く水気の残るような場所に群生し、工事用の土に付いてきたのか、時折、街中や奥地で見かけることも。鹿児島県の準絶滅危惧種ながら雑草的な繁殖力で、道路脇のアスファルトのすき間などにも生え並んでいる。よく晴れた日中だけに咲く花の径1センチ弱、栽培種かと思うほど鮮やかな花色だが全開の姿に会うチャンスは少ない。盛んに枝分かれして高さ40センチほどになるとは言え、花がなければ、細々とした枝葉は草地に紛れると気付かないかもしれない。

写真は高さ10センチ前後の小さな株だが、さすが海浜植物だけあって、台風2号のもたらした塩害にも負けずたくましく咲いていた。２００９年ごろから、本種とそっくりの花を付ける地中海沿岸原産のハナハマセンブリ（花浜千振）らしき群落があちらこちらに発生している。外来種の到来を喜ぶべきではないけれど、やはり洋物は華やかである。

・リンドウ科
・漢字表記／島千振
・分布／屋久島以南

リュウキュウテイカカズラ　林の中にシャンデリア

梅雨真っ只中、奄美大島名物でもあろうイジュの花が山並みを白く染め出し、ヤンバルセンニンソウにコンロンカ、ハマニンドウ、リュウキュウテイカカズラなどの白花のつる植物たちが勢ぞろい。一口に言えばみんな白花だが、それぞれ趣が微妙に違い、中でも圧巻なのがリュウキュウテイカカズラの咲く風景。市街地をわずかに外れただけで、崖や斜面を覆い尽くして満開の花を咲かせた場所がいくらでも見られ、林道では樹木をのみ込むように絡みついたつるが豪快な塊となって頭上から無数の花房を垂れている。それはまるで豪勢なシャンデリアを思わせる。

茎のいたるところから根を出しながら樹木や崖を這い上がるのだが、初めは地を這っているのでジカズィラ（地這い葛）、ジベカズィラ（地這い葛）の方言名がある。柔軟で丈夫なつるは籠を編む材料やティル（背負い籠）の耳（背負いひもを通す部分）などに用いられ、常緑で繁殖力旺盛、どんな場所でも育つのでフェンスやグラウンドカバーにも利用されている。

テイカカズラの名は、平安時代の歌人藤原定家が死後、恋慕った女性の墓石に葛に身を変えてまとわり付いたという物語に因むらしい。本種はそれよりも花が小さく萼《がく》の形が異なるのでリュウキュウテイカカズラ（琉球定家葛）として区別され、オキナワテイカカズラの別名も。径1センチほどの花は風車型、細長いひものような果実が裂けると綿毛を付けた種子が飛び散っていく。

・キョウチクトウ科
・漢字表記／琉球定家葛
・分布／九州南部以南

風車形のリュウキュウテイカカズラの花
（2003.5.18 撮影）

テリハノイバラ
大輪バラの礎となった

ノイバラは野薔薇《のばら》のこと。とげの多い低木は総称して「茨《いばら》」と呼んだので、とげだらけのこの野生のバラもイバラと呼ばれた(『原色牧野日本植物図鑑』から)。テリハ(照葉)は葉に艶があるから。

北海道を除く日本全土で見られるが、琉球列島産のほとんどのものは萼《がく》などに毛があり、リュウキュウテリハノイバラとして本土の無毛タイプのものと区別されることもある。

海辺に咲くテリハノイバラの花
(2003.5.23 撮影)

海辺を好み、茎はとても硬くて丈夫、艶のある葉は強い日差しや潮風もなんのその、そのたくましさで、他に何も生えないような岩場や崖地にも這い広がって、可憐な花をぎっしりと咲かせている。黄色の雄しべが目立つ花は、一重で径4~5センチほど。趣はあるものの、華やかさでは花屋に並ぶバラには到底及ばない。けれど、数多くの園芸品種の大輪のバラは、この丈夫な野生のバラを土台にして生み出されたのだとか。本種を屋敷周りに植えれば泥棒よけになりそうだけれど、手入れが大変だろう。護岸工事や道路工事で自然の棲家《すみか》が奪われる一方の海岸植物たちではあるが、コンクリートの裂け目や新たな土壁に根付き、落石防止の金属ネットをも覆い尽くすほど力強い。

写真は、切り通しの海岸通りで、かろうじて残った道路脇の小さな岩場。常に釣り人の姿があり、季節ごとに海辺の花が咲いている貴重な場所である。こんなささやかな癒しの空間が、一カ所でも多く残り続けることを切に願う。

・バラ科
・漢字表記/照葉野茨
・分布/本州以南

サクララン
亜熱帯の雰囲気醸す

蝋細工のようなサクラランの花
（2003.5.24 撮影）

花色が桜に似て、肉厚の葉がラン（蘭）を思わせることから「桜蘭」なのだが、ラン科植物ではない。繁殖力が強く、茎のいたる所から根を出して崖や樹木に張り付いて這い上がり、そして覆い尽くす。海岸近くの林の中から森の奥まで、いたる所に生えているので簡単に花も見られそうだが、全ての場所に花が付くとは限らず、湿り気の多い暗い場所が好きかと思えば暗すぎてもだめ、かといって日当たりが良すぎても花付きは悪い。木漏れ日か、半日陰くらいがちょうどいいらしく、高く伸びた大樹の枝や林道脇の木からぶら下がっている株はよく花を付けている。

径1・5センチほどの肉厚の小花が集まった手まり型の花房は美しい蝋細工のよう。夜になるとその魅力をパワーアップ、したたるほどの蜜を出し、むせるような甘い香りを放つ。早朝の森で、ふと、この香りが鼻先をかすめ、思わず辺りを探すことも。この時期、厳しい渓流歩きの途中で、頭上高く、川にせり出た大木に絡まり、たくさんの花房がシャンデリアのように降り注ぐ風景に会えたりすると、あまりのうれしさに、まるで、神様からプレゼントをもらった気分になる。果実は細長い莢になり長さ10センチほど、中には無数の綿毛付きの種子が詰まっていて莢が裂けると風に乗って飛んでいく。

条件が良ければ、山裾にある人家近くや道端でも見ることのできるこの花は、亜熱帯の雰囲気を最も身近で感じさせてくれる植物の一つだと思う。

・キョウチクトウ科
・漢字表記／桜欄
・分布／九州南部以南

ヤマモモ
名前と姿がほど遠い

おいしそうなヤマモモモモの果実
（2004.5.28 撮影）

おっ、大木にイチュビ（苺）？　モモ（桃）の名が付くけれど、初対面の印象はどう見てもイチゴ（苺）。しかも、モモやイチゴのようなきれいな花も咲かせないので、この木とヤマモモ（山桃）の名前とは結び付けにくい。果物の少なかった古い時代の人々が、山に生るおいしそうな木の実をモモに例えただけのことらしい。

果実の径1・5センチほど、熟した色、形、艶のある粒々感がリュウキュウバライチゴによく似て、もちろん食べられる。ジャムや果実酒にすると色がきれいだが、生食では酸味があり、さほど甘くもないので飽食の現代はとてもおいしい果物とは言いがたい。しかし、大木にたわわに実る美しい実を人間様が放って置くわけがなく、当然、甘く大きな実の生る栽培品種も作り上げたらしい。

雌雄の木が別々で高さ10～20メートルほど、花は肉眼では判別できないほど小さく、長さ2～3センチの赤褐色の穂を作る。常緑で樹形が美しく痩せ地でも育つので街路樹として植えられ、名瀬の町でも立ち並ぶ風景が見られる。実が熟して落ちると汚いので、街路樹に用いるのはほとんどが雄木らしいのだが、どっさり実を付ける雌木もある。欲しい人はたくさんいるだろうに、街中の木に登って採るわけにもいかず、落ちて腐った実は道路を汚すだけ。

不思議なことに数の多い野生の木が実を付けるのはまれのようだ。

・ヤマモモ科
・漢字表記／山桃
・分布／本州（関東南部、福井県以西）以南

海岸で咲くヒメハマナデシコの花
（2004.5.29 撮影）

ヒメハマナデシコ
小さくとも、たくましく

海岸の最前線に陣取り、どこまでも自由気ままに広がるグンバイヒルガオやハマアズキなどの少し後方で、無節操に積み重なった漂着物の中から這い出て枝を伸ばし、花を咲かせているヒメハマナデシコを見つけた。どこか懐かしい気持ちになって、しばし、その小さな花とコミュニケーション。子供の頃、田舎では、どこの庭にもこんな小さなナデシコ（撫子）が咲いていたような気がする。

名は、あまりのかわいさに思わず撫でたくなるからとか、その名の通り、思わず触ってみたくなる。海岸の砂浜や岩場などで地を這うように広がり、高さ10～30センチ、枝先に付く花の径1センチほどで、本土に分布するハマナデシコよりも小型なのでヒメハマナデシコ（姫浜撫子）。冬の間は放射状に広げた根生葉で過ごし、春になると茎が伸び始めるのだが、栄養状態のいい場所では別物のような大きな葉を付けることも。厳しい潮風や暑さに耐えるために葉は肉厚で地べたや岩場に張り付くように生きているのだが、愛らしい花の見かけよりもずっと強くてたくましい。

古くから、秋の七草に数えられるのは、本土に分布するカワラナデシコで、奄美に自生する本種が咲くのは秋ではなく、初夏から夏にかけて。

季節を問わず、様々な色や形の栽培品の花々があふれる昨今、どんな花でも手に入れることはできるが、それでもやはり、健気に咲く野の花には心打たれる。

・ナデシコ科
・漢字表記／姫浜撫子
・分布／紀伊半島以西

トキワカモメヅル
羽を広げた鳥のよう

上品な色のトキワカモメヅルの花
（2009.5.29 撮影）

花よりも葉が印象的。長さ4~10センチほどの葉が2枚ずつ、鳥が羽を広げた形で対になる。それが細いつるにリズムよく連なる様子は、確かに群れ飛ぶ鴎《かもめ》のようにも見え、常緑なのでトキワカモメヅル（常盤鴎蔓）。

林縁部で他の草木に絡まって広がるが、株が多い割に花付きは悪く、径7~8ミリほどの地味な色の花には気付きにくいので、葉の風情を覚えた方が見つけやすいかもしれない。とても素朴だけれど、品のいい花色と花房のつくる表情が魅力で、ついついカメラを向けたくなる一品。

この仲間の花には、花びらとは別に、副花冠と呼ばれるものや雄しべと雌しべが、合体するなどの特徴があるらしいが、なんと言っても面白いのは、牛の角に似た果実。長さ10センチ足らずの細い果実を1個しか付けない本種にはそれほどの面白みはないけれど、海岸近くに生える仲間のツルモウリンカ（蔓毛林花）やソメモノカズラ（染物蔓）には左右に突き出る水牛の角のような果実が2個、裂けた果実の中から現れる白い綿毛の様子を白髪を振り乱した老婆に例えたキジョラン（鬼女蘭）の果実は長さ10センチ以上でずんぐりむっくり、サクララン（桜蘭）の果実は本種と似た形で1本だけ、いずれの果実にも風に乗るための綿毛付きの種子が詰まっている。

梅雨の時期は花の季節、雨に洗われながら生き生きと咲く花たちに会いに、傘を片手に出かけるのもいい。

・キョウチクトウ科
・漢字表記／常盤鴎蔓
・分布／四国、九州以南

ドクダミ
待ちに待った花

毒にも痛みにも効くので「毒痛み」、いかにも毒がたまっていそうな特有なにおいのせいで「毒溜《だ》め」、改め、直すという意味の「毒矯め」の字も。

古くから民間薬として重宝され、万能と言われるほど様々な効能があることから「十薬《じゅうやく》」の名もあり、「蕺草・十薬」、共に漢名から。奄美で見られるものは自生ではなく、栽培目的で持ち込まれたものが道端など野生化している。

楚々としたドクダミの花
（2009.6.1 撮影）

楚々としたこの花が好きで、知人からもらい受けた苗を実家の畑に植えて、世話を父に託したが、繁殖力旺盛、地下茎でひたすら広がり続けるものの、何年経っても花は咲かず、持て余した父は、除草剤で跡形もなく枯らしてしまった。草花好きの友人も、旅行の折に本土から花付きの株を持ち帰って自宅の庭に植えたが、結果は同じ。林道脇の野生株を見続けて3年、一度も咲かないのはなぜ？

毎年、花の季節が来るたびに私のぼやきを聞いている同僚が、ビッグニュースを持ってきた。なんと、友達の庭にたくさん咲くらしい。さっそく伺ったら、待望の花が庭木の根元にいっぱいで、咲くのが当たり前だと思っていたとのこと、なんと贅沢な。

花びらのように見えるのは葉の変化した苞《ほう》と呼ばれるもので、花びらを持たない小さい花は、中心で黄色い花穂を作る。頂いてきた枝を土に挿したが、果たして来年はどんな「ドクダミ談議」の花が咲くやら。

・ドクダミ科
・漢字表記／蕺草
・分布／本州以南

断崖に咲くヒオウギの花
（2006.6.4 撮影）

ヒオウギ
咲き競うさまは壮大

ややもすれば、方向さえも見失ってしまいそうなソテツ林をくぐり抜け、身の丈ほどのススキをかき分けて、ただひたすら海を目指して進む。突然目の前が開け、その眼下に広がった風景が、これ。幾度か訪れたことがあり、想定はしていたものの、花の咲き具合は予想以上であった。もろもろの恐怖心を超えられるのも、この図が頭に浮かべばこそ。

花茎は高さ1メートルほどにもなり、海を望んで咲き立つ風景は壮大な美しさがある。剣型の葉が平坦に並ぶ姿を、檜《ひのき》の薄板で作った扇に見立ててヒオウギ（檜扇）。長さ3センチほどのずんぐりとした果実が乾いて開くとむき出しになる球形の種子は艶のある美しい黒色なので、古くは烏羽玉《うばたま》、射干玉《ぬばたま》と呼ばれて和歌などに登場、根茎は薬用にされたらしい。朝咲いて、夕方にはしぼんでしまう一日花だが、径4～5センチほどの色鮮やかで美しい花は庭園用として人気があり、様々な園芸品種も作りだされている。

本土では、自然の姿を見るのは難しいらしいが、奄美では手つかずの海岸近くの断崖や草地で多くの姿を見ることができる。とは言っても、理想の構図になりそうな場所にたどり着くにはかなりの勇気と体力が必要で、後回しにしているうちに花の時期は過ぎてしまう。

繁殖力は割に強いと見えて、道端のコンクリートの裂け目から生えて花を咲かせているものもあり、自然の植物の底力とたくましさに感動させられることも。

・アヤメ科
・漢字表記／檜扇
・分布／本州西部以南

ソクズ
ポイントは蜜壺

大人の背丈ほどにも伸びたこの豪快な植物が、畑の境界を縁どって茂り、雄大な太平洋を背景に咲き立っていた。海岸林や沿海地の草藪などに多く、それほど珍しいものではないけれど、大島北端近くに広がるこの景色がとても好きである。花がなければ春に咲くハマウドと間違いそうだが、こちらの方が柔らかくて優しい感じ。古い時代に中国から薬草として持ち込まれ、漢方名「朔藋《さくだく》」が訛ってソクズ、葉がニワトコ（接骨木）の木に似て草本なのでクサニワトコ（草接骨木）とも。

海辺の畑に咲くソクズの花
（2010.6.6 撮影）

無数に集まる小さな白い花には蜜がなく、ところどころに見える黄色の物体が蜜の出どころなので、少し奥まった場所にあるこの蜜壺を求めて花房の上を這いずり回った虫たちの体に花粉が付く仕掛け。花数の割に少ない蜜壺だが、かなり魅力があるようで、撮影をしている間中、ひっきりなしに虫が訪れてきた。何度も追い払いながら撮ったベストショットのはずなのに、フィルムにはしっかりとハエが収まっていてガックリ。

腺体と呼ばれる蜜壺の形が、本州や九州に分布するソクズは杯形、九州南部以南に分布するものは短筒でタイワンソクズ（台湾朔くず）として区別することもあるが、必ずしも分ける必要はないとする奄美植物研究者の見解を得てソクズとした。写真の株の腺体は少し大きめの壺形だが、中間型もあるので、どちらにあてはまるのか、全く素人の手には負えません。

・ガマズミ科
・漢字表記／朔くず
・分布／本州以南

イワダレソウ
意外なところで重宝

花冠のようなイワダレソウの花
（2014.6.8 撮影）

「岩場で垂れ下がるように生える草」という意味だが、名付け親が最初に見た場所がたまたま岩場だったのだろうか、岩だらけの所で垂れ下がっている姿はあまり見かけない。大抵は海岸の砂浜や沿海地の日当たりのいい空き地や芝地で、つる状に伸びた茎の節々から枝や根を出しながら四方に広がっている。葉は肉厚で茎も丈夫なので踏みつけられても平気、少々、車にひかれても大丈夫。日差しが強くなる頃、冬の間は枯れているように見えた古い茎から新たな芽を出し、こんなかわいい花が咲きだした。径2ミリほどの花が、松ぼっくりのような花房の周りで一段ずつ咲き上がっていく様は花冠《はなかんむり》のよう。

丈夫さと旺盛な繁殖力を買われ、近年、砂漠や都会のビルの屋上緑化に人気らしいが、人気者にはライバルが現れるのが世の常。花が地味で広がり方も大雑把な本種よりも、花が華やかで緻密な繁殖をする東南アジア原産のヒメイワダレソウに人々の注目は移っているようだ。

ヒメイワダレソウが、畦道の土留めや雑草防止、公園や庭のグラウンドカバーにともてはやされているのは他人事かと思っていたら、すでに奄美大島の農道にも登場していて、びっしりと土手を埋めつくした緑の絨毯に愛らしく咲いたたくさんの白い花の見栄えの良さに思わずため息が。だが、しょせんは外来種、人々の扱い次第では本来の島の主たちの居場所を奪ってしまいかねないことを忘れないで。

・クマツヅラ科
・漢字表記／岩垂れ草
・分布／本州（関東南部以西）以南

コヤブミョウガ
豊かな森が育む花

真珠を思わせるコヤブミョウガの花
（2011.6.12 撮影）

薄暗い草藪で真珠のように輝く花。穂になった花一輪は径1センチほどでとても素朴だが、山肌から染み出る雫《しずく》に濡れて透明感のある花びらがきらめき、暑い日の過酷な山歩きに癒しの一瞬をくれる。

林縁部などの日陰で湿った場所を好み、高さ20〜80センチほど。種子と地下茎の両方で増えるので大きな群落を作ることも。放射状に広がる印象的な葉だけではツユクサの仲間だとは分かりにくいけれど、群生すると花が無くても見ごたえ十分な風景を作り出す。花の後、茎の先に残る径5ミリほどの種子は艶のある黒紫色で、花びらが白い真珠なら種子は黒真珠といったところだろうか。

本土に分布するヤブミョウガ（藪茗荷）よりも小型で、藪に生えた姿が野菜のミョウガに似ていることから付いた名前だが、ショウガ科のミョウガとは全く別種で花も似つかない。奄美を北限とするヤンバルミョウガ（山原茗荷）は、本種よりも数が少ないけれど似たような場所に見られ、豪快な見た目に似合わず葉の付け根に集まる白い花は意外に地味。スダジイやアマミアラカシ、タブノキ、イジュなど、多くの常緑広葉樹に覆われる奄美の森は、それ自体に価値がある。保水力に優れているために、常に水の流れ出ている場所や湿った所がいくらでもあり、その環境に絶好な住み心地を感じているのはこの植物たちだけではないはず。

山道を歩いていると、身体にくすぶるモヤモヤが消えていくのはなぜだろう。

・ツユクサ科
・漢字表記／小藪茗荷
・分布／甑島、屋久島以南

クロツグの大きな花穂
（2003.6.13 撮影）

クロツグ
遠くまで漂う甘い香り

走っている車の中に、フワッと漂ってきた甘〜い香り。おいしそうで、なにか懐かしいような、こんな香りには昆虫でなくてもついつい吸い寄せられてしまいがち。たどり着いた香りの主はクロツグだった。

葉の付け根から突き出る大きな花穂は壮大で、近寄ってみるとクラクラするほど強烈な香り。風の向きによっては50メートル以上離れていてもそれと分かるだろう。ビロウと共に奄美に自生するヤシの仲間で、高さ5メートル前後、葉は長さ3メートルほどにもなり、ヤシ類独特の豪快な風情を持つ。石灰質で湿気のある所が好みらしく、山裾の水が流れ出るような岩場などに多く生えている。幹を覆う黒い繊維は水に強く丈夫なので、化学繊維がなかった古い時代には、綱の材料や様々な生活道具に生かされたらしい。

１８５０年代、幕末奄美の生活が記された『南島雑話』（名越左源太著）に、「シュロ（棕櫚）をアカツグといい、船の綱に使う。クロツグの多いところから流れ出る水を飲めば、不思議なことに陰のうの皮がふくれる（フィラリア病か？）という。そこにずっと住んでいる人にはそのような例はないという」と載る。この頃にはすでにクロツグよりも丈夫なシュロが導入されていたようで、繊維が赤いのでアカツグと呼んだらしい。クロツグは自生地での呼び名がそのまま和名になったもので、奄美では、シュロをツィグ、アカツィグと呼び、クロツグはクロツィグ、ツィグ、マネ（龍郷）、マニィ（宇検、瀬戸内）などと呼び分けることも。

・ヤシ科
・漢字表記／桄榔・桄榔子
・分布／宝島以南の南西諸島

アオノクマタケラン
とても懐かしい香り

森の中に咲くアオノクマタケラン
（2003.6.15 撮影）

　ちょっと葉をちぎっただけで独特な香りが漂う。奄美人にとっては、とてもなじみ深いムチガシャの香りである。花も香りもヨモギ団子を包む「ムチガシャ」ことクマタケラン（熊竹蘭）によく似ているが、全体的に小型で葉が薄く、竹を豪快にしたような茎や葉は全身緑色で、花の形がラン（蘭）に似るのでアオノクマタケラン（青の熊竹蘭）。よく似たゲットウ（月桃）も同じ仲間で方言名はサネン。それぞれの花や実を覚えれば見分けもできるけれど、葉だけではなかなか紛らわしい。

　現在、カシャ餅に使っているほとんどは、葉が広くて柔らかいクマタケランだが、いずれにもムチガシャやムチザネンの方言名があるところをみれば、もとはどれも使われていたと思える。ただ、本種にはクスィ（糞）ザネンの方言も。深い森には見られないゲットウや人の生活圏に限られるクマタケランは、薬草、観賞用として持ち込まれたもの。奥山に見られる本種は在来種だが、近ごろは、本種とクマタケランの雑種らしき花も見られる。これらの植物には抗菌作用があるとされ、先入観なしで嗅いでみると、やはり薬草っぽいと思う。サネンやシャネンの方言名はショウガ科植物の種子の漢方名「縮砂仁《しゅくしゃにん》＝砂仁《しゃにん》」からか。

　特別な日にしか口にできなかったカシャ餅も、年中、店で売られるようになり、ありがたみが半減したとは言え、あの独特の香りが鼻先をかすめると懐かしくて、ついつい引き寄せられてしまう。

・ショウガ科
・漢字表記／青の熊竹蘭
・分布／本州（伊豆諸島、紀伊半島）四国、九州以南

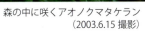

モダマ
天までも届く勢い

これが長さ1メートルにもなる、あの巨大豆の花。小さな花が集まった長さ20センチ前後のブラシのような穂からは、豪快にぶら下がる豆の莢《さや》は想像できない。沢沿いに生えた本種の果実は一年をかけて熟して落下、運よく川の流れに乗れたら海へと下り、プカプカと浮きながら海流任せの旅に出る。

ブラシのようなモダマの花
（2007.6.17 撮影）

モダマ（藻玉）の名は、海藻に交じって海岸に打ち上げられた本種の豆を藻の種子と間違えたことからとか。奄美市住用町東仲間の沢沿いで見られるモダマ群落は、一時期、強い台風で痛めつけられて長い間、実を付けなかったのだが、ここ数年で確実に勢力を増して見事な巨大豆の姿を復活させた。一抱えもあるような太くねじれたつるは、他の樹木に絡んでひしめき合い、伸びに伸び、広がるだけ広がって、山そのものをのみ込んで天までも届く勢いである。息をのむような壮大な風景はその前に立った人々を、童話『ジャックと豆の木』の世界へと誘《いざな》ってくれるだろう。

海流に運ばれて移動する種子が、奥まったこの場所に根を下ろしたのは、かつてはここまで海水が届いていた証しだといわれる。１８５０年代、名越左源太の著した『南島雑話』には、つるの根周り3メートル、根と根の間が100平方メートル、長さ１１０～２２０メートルとあるが、実際に現在の根元やつるの長さを確かめるのは容易ではなく、１５０年以上前の記録と今の風景を重ね、この巨大豆の歴史を量るしかないだろう。

・マメ科
・漢字表記／藻玉
・分布／屋久島以南

反り返ったアオギリの雌花
（2010.6.20 撮影）

アオギリ
大きな葉に大きな花穂

沿海地の日当たりのいい場所に多い落葉樹。梅雨入りの頃に赤味を帯びた新芽を吹き、大きな葉を茂らせながら見る見る濃い緑に変わっていく。樹皮が緑色で葉が桐に似ることからアオギリ（青桐）で、高さは15メートル以上に。

今の季節、道端や山の斜面で豪快な褐色の花穂を載せた樹冠があちらこちらで見られる。花びらは無く、花びらのように見えるのは萼《がく》で、径2センチほどはあるのだが、それぞれが雑に反り返ってまとまりがない。雄花、雌花が同じ穂に交ざって付き、自家受粉を防ぐためなのか、雄花が咲き終えた頃に雌花が咲きだすようで、この写真には雌花ばかり。果実は花よりも魅力的で、長さ5～10センチほどの莢が集まってぶら下がり、熟して弾けると笹舟の形。その縁に張り付いた種子の様子がとても面白い。この種子、戦時中は煎ってコーヒー豆の代用にしたそうな。

成長が早く樹形もいい、大気汚染にも強いので街路樹や公園樹として植えられ、樹皮から繊維が取れるため古くから栽培もされた。古い植栽のほとんどは中国から導入された梧桐《ごとう》と呼ばれる種で野生化もしているらしい。日本列島の太平洋岸に生ずるものの成木の葉は無毛なので、有毛の中国産とは区別することがあるとか。

名瀬朝仁周辺にはアオギリ群落がたくさん見られ、見事な紅葉風景は梅雨期の沈みがちな気持ちを一掃してくれる。

・アオイ科
・漢字表記／青桐・梧桐
・分布／伊豆半島、紀伊半島、愛媛県、高知県、大隅半島以南

ギョボク
大樹に群れる蝶の如く

「風に舞う蝶のような花」、子供の頃、わが家の庭にそんな花が咲いていた。たくさんの長い雄しべがとても印象的で、花の美しさもさることながらセイヨウフウチョウソウ（西洋風蝶草）の名前が大好きだった。

その仲間で日本で唯一の自生種がこのギョボク（魚木）。

美しいグラデーションのギョボクの花
（2004.6.27 撮影）

高さ10メートル前後になる落葉樹で、いびつなひし形の3枚葉が特徴。海岸近くにも見られるが山地の谷沿いの湿り気のある場所に多く、花が美しいので公園や庭などに植えられている。ギョボクの名は、材が軟らかく軽いため魚釣り用の浮きや擬《ぎ》似《じ》餌《え》の材料に使われたことからで、下駄材やマッチの軸木としても利用されたらしい。

この木に限らず、身近な植物の個性を知り尽くし、様々に利用してきた先人の知恵には今更ながら脱帽。径15センチ前後の花房で大木が満開になると「風に舞う蝶」どころか、「蜜に群がる蝶の大群」といった感じで、とにかく圧巻。だが、そんな幸運な場面にはめったに会えるものではなく、自然の大木を見つけていても毎年たくさんの花を咲かせるわけではなし、若い木や日当たりが悪い場所では一輪の花も咲かない。仕方なしに公園で写したりもするが諦めきれず、今年もまた山を巡っている。

南方系の大型蝶、ツマベニチョウの食草としても有名で、咲き始めには白い花がやがて黄色を帯びていく絶妙なグラデーションの花房は、この蝶が群れているようにも見える。新しい分類ではフウチョウボク科に。

・分布／鹿児島県（大隅、薩摩半島南部）以南
・漢字表記／魚木
・フウチョウボク科

サガリバナ
一夜限りの宴

海辺に咲く一夜限りの花。マングローブ林や河口域の湿地などに生え、夕暮れとともに咲き始めて夜明けとともに散ってしまう、奄美大島を分布の北限とする貴重な樹木。

直径1センチほどの丸い蕾をこじ開けるように、長い蕊《しべ》が身を震わせながら現れ始める様子を、知人は、まるで卵の殻を破って出てくるヒヨコのようだと表現、正に「命誕生」の瞬間である。

雄しべが美しいサガリバナの花
（2003.7.10 撮影）

径7〜8センチほどの一輪の花に1本の雌しべと数えきれない雄しべと言いたいところだが、なんと数えた人がいて、少ないものでも250本を超えたらしい。とても野生とは思えない妖艶なきらめきを放つ花房は、長さ50センチを超えることがあり、重量感たっぷりに垂れ下がる姿は、名前そのもの。

ストロボを使わず自然光で撮影できるのは、早朝のほんのわずかな時間。限られた時間の中で、焦る気持ちも知らないで、たくさんの虫たちが花にまとわり付き、昇る朝日が追い打ちをかける。向きを変えて十数回、シャッターを切り終えた頃にはすっかり明るくなって、花はポタポタと落ちていった。

近ごろは観賞用として盛んに植栽されているので、花を見るだけなら苦労はしないが、自然の状態を撮りたいがために、何年間も早起きをして通い続けた思い出多き花である。できることなら、散った花が水の流れに漂い、水面《みなも》を埋めつくす、そんなサガリバナたちの宴《うたげ》の後を見てみたい。

・サガリバナ科
・漢字表記／下がり花
・分布／奄美大島以南

ホテイアオイ
世界を股に掛ける

しゃれた熱帯魚はもちろん、金魚すら見たことのない山育ちの子供でも、かわいい魚を飼ってみたかった。半世紀前の田舎に水槽などあるはずもなく、入れ物がなんだったのか覚えてないが、中身は近くの川で捕まえた小魚。その時、浮かべたのが当時の水草の定番ホテイアオイだった。

水に浮かぶ一日花ホテイアオイ
（2008.7.12 撮影）

愛嬌のある茎の膨らみを七福神の一人、布袋《ほてい》様の腹に例え、肉厚の葉が「葵の紋」で有名なカンアオイに似るのでホテイアオイ（布袋葵）。ホテイソウ（布袋草）の別名やウォーター・ヒヤシンスの英名も。

スポンジ状で浮き袋の役目をする茎の膨らみは成長するに連れて消え、高さ50センチを超える頃には、同一種とは思えないほどスマートな姿に。たった一日だけ咲く鮮やかな花は、翌日には茎が折れ曲がって水の中へ。水中で広がる種子と親株から伸びた「ランナー」と呼ばれる横枝で増える子株の数は半端でなく、短期間で池や沼を覆い尽くしてしまう。

日本には観賞用として明治中期に渡来、その凄まじい繁殖力で日本や世界中の暖地の沼や池、川や水路を塞《ふさ》いでいるとか。飼料や水質浄化などの利用価値はあるものの、世界的な問題害草になっているらしい。奄美も例外ではなく、征服された水辺が幾つもあって、暑い日差しの中、通りなれた林道脇の水たまりでもたくさんの花が咲いていた。世界的問題であれ、迷惑ものであっても、やはりこの花は美しく、懐かしい。

・ミズアオイ科
・漢字表記／布袋葵
・分布／北陸以西

ヒメガマ
神話に登場する花

これが花だと言われても、色といい形といい、夜店で売っているアメリカンドッグにしか見えない。上部の細い部分が雄花、下部の太い方が雌花の集まりで、地味な上にかなり硬いけれど、れっきとした花の穂である。

繁殖を風に頼る植物には華やかさなんて無意味、大事なことは膨大な数の種子と、それをばらまく作戦あるのみ。秋には、この棒のような花穂がパンパンに熟し、わずかな刺激で弾ける瞬間と両手いっぱいに膨らんだ綿毛の飛び立つ様子が見られるだろう。池や沼、放置水田など、日当たりのいい湿地に生え、高さは2メートル前後。

アメリカンドッグのようなヒメガマの花
(2008.7.13 撮影)

日本にはガマとコガマ、ヒメガマの3種が分布しているが、琉球列島で見ることができるのはこのヒメガマのみで、奄美大島のものは生け花用に持ち込まれたものが野生化したらしい。平たく丈夫な葉を編んで敷物などにしたことから、「材料」を意味する朝鮮語の「カム」が訛ってガマになったとか。

この仲間の花粉を集めた「蒲黄《ほおう》」は、古くから伝わる民間薬で、出雲神話「因幡の白兎《うさぎ》」の中で大黒様が、体中の毛を抜かれて傷だらけになった兎に教えたのがこの薬草。童謡の「大黒様」では「ガマの穂綿にくるまれば……」と歌われるが、実際に傷に効くのは花粉の方らしい。

それにしても子供の頃、何気なく口ずさんでいた歌にこんな奥深い意味があるなんて、「童謡、侮れず」。

・ガマ科
・漢字表記／姫蒲
・分布／日本全土

ホルトカズラ
森に紛れる小さな花

10弁に見えるホルトカズラの花
（2004.7.18撮影）

これがヒルガオの仲間？ 夏の庭を彩る栽培アサガオ、奄美の道端や海岸のいたるところに咲き乱れるノアサガオやグンバイヒルガオなど、いつも身近で見ているこの仲間たちとはイメージが全く違う。

崖や他の樹木に絡まって這い上がる木質のつるは長さ10メートル以上、樹上の日当たりのいい場所までたどり着いた枝先にたくさんの花を付ける。花一輪は径1・5センチほど、花びらは10枚に見えるが、切れ込みがあるだけで付け根はアサガオなどと同じ筒状。

名は、つる性で葉や果実がホルトノキに似ていることかららしいのだが、残念なことにまだ本種の果実を見たことがない。艶のあるしっかりした葉ではあるが、これといって目立つ特徴がないので、シマサルナシやサネカズラなどのつるに紛れると、かなりの熟練者でも見分けは難しい。チャンスは、花の時期と葉が赤みを帯びる新芽のとき。

鹿児島県準絶滅危惧種だが、道路から見ることのできる株が何カ所もある。満開になれば遠目でも分かるけれど、悲しいかな、大抵は谷あいの崖地か高い木の上で、この小さな花を撮影するにはあまりに遠すぎる。

写真は10年ほど前、絡んだ木の枝がつるの重さで折れて目の高さまで垂れ下がっていたもの。毎年、花の時期に双眼鏡片手に見回っているけれど、こんな幸運は2度と訪れることはなく、ただ崖の向こうで満開に咲く花を指をくわえて見ているだけ。

・ヒルガオ科
・漢字表記／ほると葛
・分布／九州（大隅半島南部）以南

浜辺に咲くハマゴウの花
（2010.7.18 撮影）

ハマゴウ
知っていたら強い味方

海岸近くの岩場や砂の上を這って広がる落葉樹で、花期が近づくと盛んに枝葉を茂らせ高さ60センチほどに。大きな群落になると延々と連なる紫の花畑を作ることもあり、鮮やかなピンクの花を敷き詰めたように咲かせるグンバイヒルガオと共に奄美の夏の海辺を彩る。

この両者、花が美しいだけではなく、砂浜の最前線で砂を押さえる大事な防砂の役目も担っている。名前は、砂浜を這って広がることから「ハマハイ、ハマバイ（浜這い）」が訛ったとか、浜辺に生え、香りのある葉や樹皮がお香や線香の材料になったからとか。ハマバイが訛ったとされるハマボウの地方名も。

揉んだ葉を身体に擦り付けて虫除けに、枝葉を燻《いぶ》した煙で蚊よけに利用したらしく、当然、奄美でも利用されていてガジャンギ（蚊木）の方言名がある。海浜植物であるハマゴウが手に入らない内陸部では、センダン（栴檀）や、他の植物を用いた（住用）と聞く。木綿の古着を裂いて縄をない、燻して携帯用虫除けを作った知恵者も（住用）。

やぶ蚊にブヨ、しつこいアブ、時には毛虫の襲来ありで夏の草花撮影に防虫グッズは必需品。携帯用の品をいろいろ試したけれど、どれも効き目は完璧とはいかず無残な目に遭うこともたびたび。画期的だった渦巻き蚊取り線香も、今では当たり前の電気蚊取り器具や防虫剤の普及も。すべては先人たちの貴重な植物の知識から。

・シソ科
・漢字表記／浜香
・分布／本州以南

シイノキカズラ
絞め殺しの木

幹に咲いたシイノキカズラの花
（2003.7.20 撮影）

「どこがシイノキ？」

一人でブランコをしているような花姿があまりに楽しそうだったので、名前の出所である椎の木にそっくりな葉にはちょっと遠慮してもらった。

もちろん葉の近くにも花は付くけれど、太い幹から突き出る花房がこの木の魅力で、写真の幹は径8センチほど、淡い紅色や純白の花がある。

海岸近くの藪に生える強靭なつる性木本で、他の樹木に巻き付いて這い上がって覆い尽くし、やがてはその木を枯らしてしまう。アコウやガジュマルが他の木を抱き込んで殺してしまうので「絞め殺しの木」と呼ばれるが、本種も同じような「絞め殺しの木」なのだ。これらに限らず、勢いの強いつる植物に取り付かれたら最後、大抵の草木は生存競争に負けてしまい、悲惨な姿になる。

「庇《ひさし》を貸して母家《おもや》を取られる」とはこういうことなのか。動物なら逃げることもできるのだろうが、あらがうことのできない植物たちの悲しい定めである。

毒流し漁や天然の駆虫農薬として利用された熱帯アジア原産のデリスの仲間で、同じような毒を持つらしい。

水に浮く種子は海流に乗り、南方からの長い旅の果てに奄美の島々にたどり着いたようで、大島海峡に面した海岸沿いでは数カ所の大きな群落を見ることができる。笠利町喜瀬の道路脇が分布の北限となる。

・マメ科
・漢字表記／椎の木蔓
・分布／奄美大島以南

メヒルギ
マングローブの主役

奄美市住用町に流れる住用川と役勝川が合流する河口域に沖縄県西表に次いで国内2番目の規模を誇るマングローブが広がる。海水を味方に付け、潮風をものともしない兵《つわもの》植物が20種前後。数も多く、海水に漬かって立ち並ぶ独特の群落風景を作りだす本種は、その中の主役とも言えるだろう。

萼が目立つメヒルギの花
（2007.7.20 撮影）

白い5弁花が長い間咲き続けているように見えるが、花びらのように見えるのは萼《がく》で、実際の花びらは先が細かく裂けて羽毛状になった部分。木に付いたままの果実から先の尖った鉛筆のような根をぶら下げ、萼の内側で葉芽まで準備して落下。真下の泥に突き刺さって根付いたり、海流に乗って旅立つのだが、6月くらいまでは長い根をぶら下げた姿をたくさん見ることができる。

マングローブの外周に当たる山間《やんま》集落近くの道路脇で、着実に幅を増し続けているメヒルギ群を間近に見、泥に突き刺さって芽吹いた小さな命に会うことも。同じような根の出し方をするオヒルギ（雄漂木・雄蛭木）に対し、メヒルギの根の方が細くて女性らしいので「雌」が付くが、両者は雄木、雌木ではなくて別種。「漂木」は根が海流に漂うことから、「蛭木」は蛭《ひる》がいそうな場所に生えるから。長い根の形が、昔、琉球人が用いた髪飾りに似るのでリュウキュウコウガイ（琉球笄）とも。

薩摩半島のメヒルギ群は植栽説もあるので、自生の北限地としては種子島ということになる。

・ヒルギ科
・漢字表記／雌漂木・雌蛭木
・分布／九州（薩摩半島南部）、種子島以南

オトギリソウ
可憐な花に残酷伝説

平安時代中期、タカの傷によく効くこの草を秘薬として
いた鷹匠《たかじょう》兄弟がいた。

ある日、弟がその秘密を恋人に漏らしたことを知った兄は怒り、弟を切り殺してしまった。その時に飛び散った血しぶきがこの草にかかり、まるで血痕のような黒い点が花や葉の裏に残る。さらには、葉をすりつぶすと赤い液体が出てくるという、恐ろしくよくできた伝説がオトギリソウ（弟切草）の名の由来。一人の女性をめぐる三角関係説を語る人もあり、「秘密」や「怨み」「復讐」などの花言葉があるそうな。野山に咲く花それぞれのドラマは、その姿のようにきれいなものばかりではないようだ。奄美で見ることのできるこの仲間は、本種とツキヌキオトギリ（突抜弟切）、ヒメオトギリ（姫弟切）、コケオトギリ（苔弟切）の4種で、この中では最も大きな花で径2センチほど。

日当たりが良く、定期的に草刈が行われるような林道脇や草地などで真っすぐに伸びた茎に、向かい合わせの葉をリズム良く重ね、凛《りん》と咲き立っている。その雰囲気は他の仲間にも通じ、生育地や大きさの違いはあるものの、初対面で「もしや、あなたはオトギリソウ？」と問いかけたくなるほど。植物を見分けるこつの一つに、全体のたたずまいといおうか、立ち姿があるが、遠くからでもそれらしさを見分けることができるのは、人も花も同じだろう。

赤やピンクの実が美しい園芸品ヒペリカムも本種の仲間。

凛としたオトギリソウの花
（2010.7.25 撮影）

・オトギリソウ科
・漢字表記／弟切草
・分布／日本全土

オヒルギ さすらいの旅する

海水に浸かって生きる特殊能力の持ち主。川の水が海水と混ざり合う河口域のマングローブに生える樹木で、大木は高さ25メートルを超えるらしいが、国内では10メートル内外。アカバナヒルギ（赤花蛭木・赤花漂木）の別名もあるように、花びらのような釣り鐘形の赤い萼《がく》がよく目立っている。長い間、萼の色や形が変わらないので、いつまでも咲いているものだと思っていたら、いつの間にか萼の中から小さな緑色のバナナのような物体がニョキニョキ。驚いたことに、果実だと思ったものは巨大な根で、長さ15センチを過ぎても、まだ親木にぶら下がったまま、萼に隠れた果実が熟して根の準備ができたら、重みで落下する仕組みらしい。運が良ければ真下の泥に突き刺さって根付くが、成功率は悪くてほとんどは海流に漂い、新天地を目指して過酷で果てしない流浪の旅に出ていくのだ。

名は、海に漂う木だからヒルギ（漂木）、蛭木は蛭の棲みそうな泥地に生えるからとか。奄美市住用町の役勝川と住用川が交わる河口付近には、沖縄の西表島に次ぐ国内2番目の規模のマングローブ林が広がり、オヒルギやサキシマスオウ、サガリバナ、シマシラキなどの奄美大島を北限とする植物の宝庫である。

なにくわぬ顔で海底で直立する幼木、頭だけを水上に出している若木は、気持ちよく風呂にでも浸かっているようで、異次元のようなヒルギたちの作る「水の森」巡りは心の解放間違いなし。

赤い萼が目立つオヒルギの花
（2010.7.25 撮影）

・ヒルギ科
・漢字表記／雄蛭木・雄漂木
・分布／奄美大島以南

シマユキカズラ
樹上に咲くアジサイ

蕊だけが残るシマユキカズラの花
（2003.7.26 撮影）

つるになって咲くアジサイの仲間。最初のうちは地を這い回っているが、頼るべき岩や樹木を見極めると絡み付いて、どんどんよじ登り、果ては絡みついた木を絞め殺してしまうほど。蕾の間は花びらがあるが、開花とともに散ってしまい、雌雄の蕊《しべ》だけが残る。アジサイの一番の魅力である装飾花（萼が変化して大きな花びらに見えるもの）を持たないので、一見、地味に思えるが、大きなもので径20センチほどはある花房が満開になり、岩壁や樹冠を覆い尽くす風景はまさに雪のよう。夏に咲くので別名ナツユキカズラ（夏雪葛）とも。ユキカズラ（雪葛）の名は、日本本土に分布する同じ仲間イワガラミ（岩絡み）の別名。性質がそっくりで、南の島々に咲く本種にはシマ（島）が付く。

湿り気のある林縁部や林の中で幼木の姿はいくらでも見かけるけれど、日当たりのいい高い所まで伸び上がらないと花芽を付けないためか、花を見るチャンスはまれだが、ほぼ毎年のように同じ株には花が咲く。運と目が良ければ手近な林道や国道沿いで会えるかもしれない。鹿児島県の準絶滅危惧植物で、以前は奄美大島が自生の北限とされていたが和歌山県でも確認されている。若いうちは、とてもとげとげしい本種の葉だが、成長するに連れて角が取れ、花を咲かせる頃にはすっかり優しい形になっている。人生、とうに半ばを過ぎてしまったが、なかなか角の取れない私である。

・アジサイ科
・漢字表記／島雪葛
・分布／和歌山県の一部と奄美大島以南

ヒメマツバボタン
吹きだまりでたくましく

鮮やかな色のヒメマツバボタンの花
（2008.7.31 撮影）

うだるような暑さをものともせず炎天下で咲く花は、人々をとても元気にしてくれるもの。今の季節、花壇や沿道に植えられたマツバボタン（松葉牡丹）が溢れ咲く風景は特にいい。

南アメリカ原産で江戸時代末期に渡来し、細い葉を松に、花をボタン（牡丹）に例えた名であるが、茎を爪で切って挿すとよく根付くのでツメキリソウ（爪切り草）、一年草なのになかなか消えずに芽を出すのでホロビンソウ（不亡草）など別名も数々。今でこそ花色も豊富だが、色数の少なかった子供の頃を思い出させるこの赤紫が一番好きである。

ヒメマツバボタンはそのミニチュア版。熱帯アメリカ原産の帰化植物で、花が栽培種よりもうんと小さくて径1センチ弱、葉も細かい。全体が小型なのでヒメ（姫）が付き、この花色のみだが、鮮やかさでは負けていない。乾燥に強い肉厚の茎葉がちぎれては根付き、さらに、たくさんの細かい種子が雨風で運ばれて広がるので繁殖力旺盛。沿海地の日当たりが良く養分がたまりそうな場所に普通に生えているが、晴れた日中だけに咲き、開花時間も短いので満開状態に出会えたらとてもラッキー。

別名のケツメクサ（毛爪草）は、花の付け根に綿毛があり、葉の形が鳥の爪に似るからとも、マツバボタンの別名からとも言われている。この仲間で、葉が広く、花色が豊富な園芸品種ハナスベリヒユ（花滑莧）＝ポーチュラカも人気者である。

・スベリヒユ科
・漢字表記／姫松葉牡丹
・分布／関東地方以西

オオムラサキシキブ
果実はスーパースター

房をつくるオオムラサキシキブの花
（2008.7.31 撮影）

日本全土、台湾、朝鮮半島、中国に分布するムラサキシキブの学名（ラテン語で表される世界共通名称）*Callicarpa japonica*（カリカルパ　ジャポニカ）、英語名japanese beautyberry（ジャパニーズ　ビューティーベリイ）は、いずれも「日本の美しい実」と解釈でき、和名は平安時代の美人（？）作家紫式部からというから、どの名をとっても日本のスター。それよりも大型のオオムラサキシキブ（大紫式部）は、スーパースターというわけだ。

高さ3～5メートルほどで庭木としても植えられるが、美しさの対象は花よりも果実。しなやかな枝先に咲く径10センチほどの花房が、秋には見事な紫の実の房に変わる。人家のものは栄養状態がいいのか、人の手が加わっているのか、実の付きがよく色の濃いものが多い気がする。『琉球植物誌』によるとムラサキシキブとの中間型も多く判別が難しいが、琉球列島のものはすべて本種と判断されるらしい。

崖崩れや法面工事の後にいち早く生え出し、日当たりのいい林縁部などでごく普通に見ることができ、まれにオオシロシキブと呼ばれる白花、白実のものも。容赦のない日照りの日々が一カ月以上、悲鳴を上げる力さえも失せた草木の姿が痛々しく、マックイムシの被害に追い打ちをかけられたようなリュウキュウマツの立ち枯れが凄まじい。ただでさえ花の乏しい時期、目を引きつけるはずのこの花たちも生気がなく色あせてしまっている。

・シソ科
・漢字表記／大紫式部
・分布／本州西南部以南

モロコシソウ
単なる勘違い

名前といい、花の姿といい、なにかしら物語でもありそうな雰囲気だが、なんのことはない、昔、この植物がモロコシ（唐土＝中国）から伝来したと勘違いされただけのことで、れっきとした日本の在来種だった。樹林下や林縁の日陰で湿った場所を好み、高さは50センチほど。

下向きに咲くモロコシソウの花
（2010.8.1 撮影）

草姿にはこれといった特徴もないので花でも咲いてなければ気付かないだろうが、葉に隠れるように下向きに咲く花は鮮やかな黄金色で、色彩の乏しい森の中ではかなり衝撃的。2日ほどで花は散り、後にはへその緒のように雌しべを付けたままの小さな丸い果実ができていた。秋頃に見るモロコシソウには白い花？ それは花ではなく、熟した果実が弾け、種子を放出している姿なのです。

古い時代には、乾燥したこの草を衣装箱に入れ、防虫、防臭、芳香剤にしたらしい。生のときには無臭だが枯れるといい香りを放ち、それがミカン科のクネンボ（九年母）のにおいに似るとかでヤマクネンボ（山九年母）の別名も。奄美にはカバクサ（芳しい草）、カバシキョグサなどの方言名があり、幕末期の奄美の生活が記された、名越左源太の『南島雑話』には、ヤマクガハシグサとして登場。

その頃の島娘たちも、夏に乾燥させたこの草を笠にはさんだり、着物の襟に挿して香りを楽しんだらしいが、身近な里の植物ではない本種を、娘たちはどんな思いで奥山まで摘みに行っていたのだろうか。

・サクラソウ科
・漢字表記／唐土草
・分布／本州（関東地方南部以西）以南

ショウジョウソウ ポインセチアのミニチュア

種をまいた覚えのないこんな植物が、町のど真ん中にある職場の周囲に毎年現れる。花が咲いていたら、何の仲間か一目瞭然《りょうぜん》。緑の葉に朱色のペイントを施したようなものが花と思いきや、それは葉が変化したもので花びらもどき。

海岸林に咲くショウジョウソウの花
（2010.8.1 撮影）

中央に集まった本物の花たちに花びらはなく、一見、地味だが拡大して見るとそのつくりの面白さはトウダイグサ科ならでは。

赤い葉の色を想像上の動物、赤面赤髪の「猩猩《しょうじょう》」に例えた名で、クリスマスに飾るポインセチアの和名はショウジョウボク（猩猩木）、そのミニチュア版のような本種はショウジョウソウ（猩猩草）。北アメリカ原産で観賞用に栽培されていたものが逃げ出し、主に海岸近くで野生化している。海岸のモクマオウ林の中に、こんな外来植物たちの天国のような場所がある。そびえ立つモクマオウに守られて、やっと根ざした貧弱な在来の木々たちを容赦なく覆うつる状のアスパラガスの仲間はジャングルを思わせるほど圧巻。木漏れ日がちょうどいいのか、ツユクサの仲間ハカタガラクサ（博多柄草）が、己の陣地と言わんばかりに見渡す限りの林床を覆い、赤紫色の小花を咲かせている。

他にも花屋で見かけるアルストロメリアの仲間やシチヘンゲ＝ランタナ、このショウジョウソウなどがすき間を埋め、遠慮がちに顔をのぞかせる島本来の草花たちに、一瞬、異国の森を歩いてような錯覚に陥いる。

・トウダイグサ科
・漢字表記／猩猩草
・分布／九州地方以南

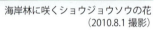

ミズオオバコ
水面に淡いピンクの花

水の中のオオバコとはよく言ったもので、その名の通り、大人の手のひらほどもあるオオバコによく似た葉を水中で悠々と広げ、淡いピンクの花だけを水面にのぞかせている。長い花茎の先に付く花は花びら3枚で径3センチほど、晴れた日の日中だけに咲き、花が終わると花茎ごと水没、果実が熟すと再び浮上して割れ、種子を水面に散布する。

水面に咲くミズオオバコの花
（2006.8.9 撮影）

長い柄を持つ葉は大きさに変化が多く、水深が深いほど大きくなるようで、周囲に邪魔者がない場所では一抱えもありそうな立派な株を作っている。黒々とした葉の色とその大きさからか、沖永良部では方言でタークブ（田昆布）と呼ばれるそうで、写真のように込み合って群生する葉の様子は笑いが出るほどぴったり。水田や池、沼などといった湿地がほとんど消えてしまった今では、こんな水草たちにもめったに会えないのだが、わずかに残された田んぼや山裾の小さな沼地が彼らの棲家《すみか》となる。

奄美市の山裾にある泥染め用の田んぼにはたくさんの花が咲き、作業には邪魔だと言いながらも、この花目当てのお客も多いのでできるだけ残すようにしている、とのありがたいお言葉、その場所では他にもたくさんの水草たちを見ることができる。意外にも湿地の多い長雲山系では、尾根筋の沼でこの植物をよく見かける。

こんな山の上にどうやって来たのか、とても不思議なのだが、森の中で今年もまた、愛らしい花を人知れず咲かせている。

・トチカガミ科
・漢字表記／水大葉子
・分布／本州以南

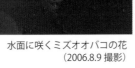

満開になったホシクサの花
（2013.8.11 撮影）

ホシクサ
稲刈り後に銀河出現

ホシクサは干草ではなく星草、別名ミズタマソウ（水玉草）とも。小さな球状の花を星や水滴に例えたものでロマンチックな名ではあるが、実際は水田や湿地の迷惑雑草の一つ。

河川整備、湿地の埋め立て、農薬、水田放置などが原因で棲家《すみか》を失い、全国的に減少の一途をたどっている水草たち。もちろん奄美も例外ではなく、本格的に撮影を始めた10年ほど前まで数カ所はあった本種の生息地が今ではほとんど消えてしまい、おそらく大きな群落を見ることができるのはこの場所だけだと思う。

稲の伝来に伴ったとされる水田雑草の一生は稲の成長サイクルに合わせているといわれ、田んぼが荒れすぎると消えてしまい、再び耕作が始まると姿を現す。苗代作りの頃、稲穂の頃、稲刈り後、その時々で主役が変わり、中でも田んぼのデリケートな変化に左右されるホシクサの発生場所は年ごとに変わっている。水底に張り付くように芽生え、稲が刈り取られて日当たりが良くなると一斉に花茎が伸び出し、高さ4～15センチほど。先端に付く径5ミリ弱の球は、花びらのないたくさんの雌花と花びらを持った数個の雄花の集合体。あまりに小さくて肉眼では分からないが、拡大したら白球の縁に星の形の雄花が確かに見える。

水田雑草たちの最後の砦とも言える奄美北部の広大な田んぼの片隅に、煌く銀河のようなホシクサ群落が今年も現れた。

・ホシクサ科
・漢字表記／星草
・分布／本州以南

秋の七草、クズの花
（2010.8.15 撮影）

クズ
どこまでも広がる

古くから親しまれる秋の七草の一つ。奄美でこの花が咲き出すのはちょうど旧盆の頃で、強い日差しの中の秋の知らせである。

長さ20センチ前後の大ぶりな花房の割に、あまり華やかさを感じないのは、花以上に目立つ広い葉のせいだろうか。

道端などに豪快にはびこるつるは、凄まじい勢いで他の草木を覆い尽くし、空き地に積み上げられた廃車の山も難なくのみ込んで、「クズのジャングル」の出来上がり。「鉄くずの山よりはましか」と思いながらも、空恐ろしいほどの繁殖力に、気持ちはちょっと複雑。

根から取れるでんぷんは、くず切りや、くず餅の材料で、大和国（現在の奈良県）吉野郡国栖《くず》が産地として知られていたためにこの名で呼ばれたらしい。根を乾燥したものがかぜ薬の葛根湯で、「葛」の字は漢方名から。

葉は飼料に、つるは籠を編む材料、さらにその繊維で葛布《かっぷ》ができるとか。かつて日本で様々な利用価値があったばかりでなく、ただならぬ繁殖力が買われ、土木工事後の土砂止めや緑化の為にアメリカ大陸進出まで成し遂げて英語名も「クズ（kudzu）」のまま。だが、予想以上の繁殖力にアメリカ人もお手上げで、広がり過ぎて持て余され、今では侵略者呼ばわりだそうな。

国内の利用も減り、奄美でもほとんど生かされないこの植物が手のつけようもなく広がり続ける景色を前に、「何か、使い道は？」と、しみじみ思う今日この頃である。

・マメ科
・漢字表記／葛
・分布／日本全土

キンミズヒキ
山道の引っ付き虫

「金の水引」とは、なんともいい名前である。結構、雑な感じのする枝の伸び方からは、のし袋に掛かるあの「水引」のイメージはわいてこないが、花が咲き出したら納得。

高さ30～80センチほどで、山道などの草藪から伸び出す黄金色の花穂はよく目立ち、秋の訪れを感じさせてくれる花の一つである。名は、長く伸びた細い茎に紅白の小花を付けるタデ科のミズヒキ（水引）に似て、花が黄色いのでキンミズヒキ（金水引）。

いつも道端で見ている草花も、その名前や意味を知ると、どことなく風情があるように見えてくるから不思議。同じ頃に道端で咲き出すヌスビトハギやイノコズチ、コメナモミなどの果実には細かい鉤付きのとげがあり、動物や人の服に引っ付いて他の場所へと移動する。どの草も高さが大人の胸丈くらいで、引っ付くにはちょうど都合がいいようだ。

秋に咲く草花にはこの方法で広がるものが他にもたくさんあり、奄美の方言では、こんな引っ付き虫植物のほとんどはサシ（刺し）と呼ばれてきらわれもの。本種も同じような引っ付き虫植物だが、こちらは方言名シンチグサ、残念ながらこの意味は分からないけれど、やはり、似たような意味だろうか。

野山でさりげなく待つ、引っ付き虫たちにとって、年中、藪から藪へと歩き回る私は格好の運び屋で、たくさんの厄介者をばらまいていることになる。

・バラ科
・漢字表記／金水引
・分布／日本全土

長い穂のキンミズヒキの花
（2003.8.17 撮影）

花びらが偏ったミゾカクシの花
（2007.8.18 撮影）

ミゾカクシ
炎天下の畦を彩る

日本全土で見ることのできる水田雑草の一つだが、奄美に残る水田はほんのわずかで、数年前、とれたてのマコモ（真菰）をくれたおじいさんの田んぼは次の年から荒れたまま。

「もう、農作業が無理なのだろうか」と思った翌年、突然、土砂で埋められてしまった。水草を探して通い続けている他の水田や湿地も次々に埋められ、確実に減り続けている。

ミゾカクシ（溝隠し）の名は、溝を覆い隠すようにびっしりと生えることからで、湿地や田んぼの畦などにびっしりと這い広がる様子が、まるで筵《むしろ》を敷き詰めたように見えるので別名アゼムシロ（畦筵）とも。

1センチほどの花びらは片方に寄り、水辺に咲くこの花が蓮《はす》を思わせるとかで中国名は半辺蓮《はんぺんれん》。高さ10〜15センチほどで、細い茎の節々から根を出しながら地を這うように広がり、繁殖力旺盛。つい音を上げてしまいそうな炎天下、緑の筵に散りばめられた小さな花たちがひと時の癒《いや》しをくれる。湿地や休耕田も荒れすぎると、ほとんどの水草たちは姿を消してしまうが、耕作が始まった途端に元の水草たちが現れてくるのには驚く。

人類の歴史に稲作が登場した時から、共に生きてきたといわれる水田雑草たち、手間のかかる面倒な存在ではあるが、ある意味、人類の相棒とも言える。いつ陥るかもしれない食糧危機、水と人の助けがあれば、眠れる相棒たちはいつでも蘇る。

・キキョウ科
・漢字表記／溝隠し
・分布／日本全土

アマクサギ
記憶に残る大人の味

ギラギラと照り続ける太陽は肌に痛いほどだが、山道では時折通り過ぎる涼風に揺れるヌスビトハギやヤマハギ、キンミズヒキの花穂が、確かな秋の訪れを感じさせてくれる。なんとか夏を乗り越えた木々の花はすっかり鳴りを潜めてしまい、野山で目に付くのはこの花ばかり。

個性的なアマクサギの花
（2010.8.22 撮影）

落葉樹で高さ8メートルほど、日当たりのいい林縁部に多く、造成地や伐採後などにもいち早く生え出す。クサギ（臭木）の名は、葉をちぎると独特のにおいがすることから。日本全土に分布するクサギは枝や葉の裏に柔らかい毛が多いが、奄美の一般的なものはほぼ無毛タイプなのでその変種アマクサギ（甘臭木）で、臭みが弱いので「甘」が付くのだろう。変種の中には、沖永良部などで多く見られるショウロウクサギなる有毛タイプがあるのだが、奄美大島で見る限りはほとんど無毛のものばかり。

秋が深まる頃、花よりも目立ってくるのが果実の姿。真っ赤な萼《がく》と艶のある実の藍色が見事なコントラストで、花が2度咲いたのかと思うほど。

古くから若葉を食用にしたのは全国的なことらしいが、現在、身近でこの葉を食べた話はほとんど聞かない。昭和30年生まれで田舎育ちの私には、豚肉などと炒め煮にされた母の味の記憶があり、少し癖のある香りと味は子供向きではなかったが、ある意味、貴重な記憶なのかもしれない。

・シソ科
・漢字表記／甘臭木
・分布／九州南部以南

雁首に似たガンクビソウの花
（2002.8.31 撮影）

ガンクビソウ
例えが絶滅危惧種

枝先に付く花は一つずつ。形が煙管《きせる》の「雁首《がんくび》」に似ているのでガンクビソウで、きざみ煙草を詰める部分の名である「雁首」は、長い首を持つ水鳥「雁」からくるとか。わずかにのぞく黄色の部分が、ちょうど煙草の火のようにも見える。とは言ってみたが、祖父の煙管姿は半世紀前の記憶、この植物を知るまで雁首の言葉など知らなかった私である。ましてや、若い世代にとって、きざみ煙草や煙管はすでに絶滅危惧種かもしれない。

林縁部の道端などで普通に見られ、草丈25～80センチほど、花は径8ミリ弱。うつむき具合が表情を生み、微妙な括《くび》れた花筒に愛嬌があるためか、藪の中に散らばる小さな花は、結構、目に付く。

奄美大島で見られるこの仲間は、匙《さじ》型の葉を持つ小型のサジガンクビソウ、根元近くの大きな葉がナス科のタバコ（煙草）に似るヤブタバコ（藪煙草）、それよりも花が大きく丈もあるのに、なぜか「小」が付くコヤブタバコ（小藪煙草）など。どれも花は地味だが、咲く風情と花を取り巻く苞葉の変化がとても面白い。新たに吹き付けられた法面には、あきれるほど様々な植物が登場する。吹き付け種子が集められるのは日本国内とは限らないらしい。

奄美に分布記録はあるものの、初めてヤブタバコを見たのはそんな場所だった。

国内に存在する種類ではあるけれど、果たしてこのヤブタバコの故郷はどこだろうか。

・キク科
・漢字表記／雁首草
・分布／本州以南

コンクリートのすき間に咲くスベリヒユの花
（2013.9.1 撮影）

スベリヒユ
救荒植物にもなった

園芸品種ハナスベリヒユ（ポーチュラカ）の祖先といわれるだけあって、花は小さいが姿はそっくり。麦栽培に伴った古い時代の帰化植物で、日当たりのいい庭や道端、田畑など、いたるところに生える雑草だが、食べられるので水戸黄門こと徳川光圀は、救荒食物として栽培を勧めたとか。

肉厚でみずみずしい茎葉を油炒めやゆがいて和え物に、茎をゆがいて乾燥させると保存食にもなるというので、さっそく食べてみた。さっとゆがいたものにドレッシングをかけて……いける。味と香りに癖はなく、少しぬめりがあるが歯ごたえ最高、ぜひ保存食も試してみなければ。しかし、食べ過ぎたら下痢の恐れがあるらしいので、くれぐれもご注意を。スベリヒユ（滑り莧）の「滑り」は、この独特のぬめりからだと分かるのだが、「莧」の意味ははっきりとしない。

どこにでも咲いているはずの花なのに、いざ探し始めるとなかなか見つからないもの。たくさん生えていたはずの畑に行ったらすっかり除草済み、別の場所に何度行っても蕾状態だったのは、晴れた日の朝、1時間（8時30分～9時30分くらい）ほどしか咲いていなかったからだ。

花期はそろそろ終わりごろなので思い通りの場所を探す余裕がなく、仕方なく交通量の多い近所の道端で撮影。コンクリートのすき間から四方に広げた枝が満開になると、径1センチ弱の小さな花でも結構華やかだ。

・スベリヒユ科
・漢字表記／滑り莧
・分布／日本全土

ヤブラン
藪にできた天然の花束

草藪に生え、葉がラン（蘭）に似るのでヤブラン（藪蘭）なのだが、ラン科植物ではなくユリの仲間。細長い葉がカヤツリグサ科のスゲ（菅）を思わせるので、古名ヤマスゲ（山菅）とも。

長さ50センチほどの花茎の先にびっしり付いた花の径1センチ弱。小さいけれど花びらに厚みがあり、触ると意外に硬く、蝋細工のよう。海岸の砂地や岩場、沿海地の樹林下に多いけれど、自然状態が残る場所なら道端でも見ることができる。

一抱えもありそうな大きな株でも普段は草藪に紛れて存在感が薄いのだが、その大株に数十本もの色鮮やかな花穂が立ち上がってくると、まるで花束を置いたような豪華さで、とても野生とは思えない。花の数だけ緑の果実が付くが、一皮むけただけですぐに黒紫色の種子に早変わり。艶々した鈴なりの種の房も見ごたえ十分。少し奥地の林の中では見た目がそっくりなノシラン（熨斗蘭）が白い花を咲かせ、海辺では小さなヒメヤブラン（姫藪蘭）も花の季節。いずれも常緑で木の陰でも育つため、仲間のジャノヒゲなどと共に公園や庭園の下草として利用されている。

写真は、名瀬市街地をわずかにはずれた旧国道沿いで写したもの。天然の岩肌に多くの海浜植物が季節ごとの花を咲かせ、なおかつ絶景。

近場で、それこそ「みちくさ気分」でいつでも撮影に行ける大好きな場所である。

・クサスギカズラ科
・漢字表記／藪蘭
・分布／本州以南

海辺に咲くヤブランの花
（2010.9.5 撮影）

メドハギ
島のお盆の必需品

じりじりと照り付ける日差しが衰え始める頃、草藪の中でこんな秋の花が咲き出している。

萩《はぎ》は萩でも秋の七草に登場する萩の風情とはほど遠く、広がる小枝はぼさぼさで、花は小さくてとても地味。直立する細い茎は高さ1メートルほど、日当たりのいい道端や原野にありふれた植物だが、意外なところで活躍した過去があり、今でもとても大事な出番がある。

小さなメドハギの花
（2009.9.6 撮影）

昔、占い師が使った「蓍・筮（めどぎ）」という棒は本種の茎で、「蓍萩（メドギハギ）」が訛ってメドハギになったらしい。筮《めどぎ》は後に竹が使われるようになり筮竹《ぜいちく》と呼ばれる。そして現在、奄美ではお盆に先祖の霊に供える箸をこの茎で作り、植物自体の方言名もショウロウバシ（精霊箸）やソーリョバシ。これと同じ風習が宮崎、鹿児島、沖縄地方にもあるという（大野隼夫著『奄美の四季と植物考』より）。

子供の頃、盆前になると堤防や河原に本種を探しに行ったのだが、なかなか見つけられなかった記憶があるが、今はどこの道端にもいっぱい。マメ科植物は、痩せ地でも繁殖できる能力を持つため工事後の法面《のりめん》吹き付け種子に用いられることが多く、よく見かけるのがヤマハギやメドハギ。

これだけありふれれば精霊箸には不自由しないはずだが、街の人々はお店で買う方が手っ取り早く、もはや、野原に生えていることさえ忘れてしまわないだろうか。

・マメ科
・漢字表記／蓍萩
・分布／日本全土

ヒメヤブラン
懸命の自己主張

ヤブラン（藪蘭）は、葉がラン（蘭）に似て草藪に生えることからの名前だが、ラン科植物ではなくユリ科の植物である。こちらは小さくて姿が優しいのでヒメ（姫）が付く。海岸近くの日当たりのいい砂地を好み、根が地中で枝状に広がって増えていく。込み合った細い葉の根元からのぞく小さな花穂は、懸命に自己主張しているよう。花期には、砂丘の発達した北部海岸では芝生のように群生する場所が見られるが、長さ20センチ弱、幅2ミリ程度の葉では、スゲ（菅）や芝が混ざると区別は難しい。

のぞくように咲くヒメヤブランの花
（2008.9.7 撮影）

花の時期にめぼしい場所を見回ることになるのだが、なにせ真夏の炎天下、5キロ以上の撮影道具を担いで何カ所もの砂丘を歩き回るのは命がけなんてこともある。花数は少ないものの一輪ずつはかなりしっかりした形で、ヤブランに勝ると思うのは、炎天下の海岸を歩き回った末、やっとめぐり会えた花への思い入れのせいだろう。

花壇の縁取りやグラウンドカバーとして植栽されるジャノヒゲ（蛇の髭）も同じ仲間で姿がそっくり。この仲間の果実は早いうちに果皮が削げ、むき出しのままの丸い種子が熟していく。ヒメヤブランの種子は黒い宝石のようで、ジャノヒゲは鮮やかな瑠璃色。いずれも花よりも種子の方が立派なのは鳥たちの目を引くためか。

とは言うものの、まだ一度もジャノヒゲの花も実も見たことがなく、ここ数年、あちらこちらの植え込みを見続けているがまるで形跡なし。

・クサスギカズラ科
・漢字表記／姫藪蘭
・分布／日本全土

ツキイゲ
砂上の風車

海辺に広がるツキイゲ群落
(2008.9.7 撮影)

ウニ採りシーズンだからといって、ウニの殻を積み上げたわけではなく、イガグリでもありません。海辺に広がる奇妙なこの球体の正体は、イネ科植物のツキイゲの花。

雌雄の株が別で、写真は雌花（下部の丸い葉はグンバイヒルガオ）だが、すでに果実期に入っている。色こそ緑から枯れ色に変わるものの最後まで同じ形なので実際の花を見極めるのは、よほどの暇人か、私のような人。まだ緑色をしたイガの中心辺りを虫眼鏡でのぞくと、白い糸状の蕊《しべ》らしきものが見えるはず。熟した球体は茎から落ち、風に吹かれて風車の如く砂浜を転がりながら種子散布をする。径30センチを超える不思議な形はそのためだったのだ。

地を這うように伸びる茎は強靭で豪快、葉は細長くて先が針のように尖り、身体に触れると痛い。こんな場所で腰でも下ろそうものなら跳び上がってしまう。そんな経験から生まれたのだろう、笠利方面ではヒーツキャニギの呼び名があるらしいが、さて、その意味は？

和名の由来はツキヒゲ（突き髭）が訛ったものらしいが、正確なことは分からない。地下茎でも増えるので大きな群落を作り、これがはびこった場所には人や動物は近づけない。そこにもツキイゲの狙いはあるのだろう。

砂浜の最前線で防砂の役目もし、景観もいい、自然で理想的なこんな風景が海岸整備を理由にどんどん失われていくが、人間のつくるものは、果たしてこの植物たちの力を超えられているだろうか。

・イネ科
・漢字表記／突きいげ
・分布／種子島、屋久島以南

ウリクサ
空き地にできた花畑

群生するウリクサの花
（2010.9.8 撮影）

名瀬近郊の海辺の空き地でこんなかわいい花畑を見つけた。色は鮮やかだがかなり小さくて径8ミリ弱。普段は、庭や田畑、道端などの雑草的存在だが、これだけ固まって咲いていると、たかが雑草では片付けられないものがある。

庭の隅や空き地のいつまでも水分が残っているような場所を好み、盛んに枝分かれしながら四方に這い広がっていく。日当たりがいいと茎葉の赤味が強くなるので、群生する場所は遠くからでも、結構、目立つことも。

果実の形が、メロンの仲間マクワウリ（真桑瓜）に似ていることから付いた名前らしい。すっぽりと萼《がく》に包まれた果実を虫眼鏡でのぞいてみたが、あまりに小さすぎてマクワウリの形を確かめるのは無理だった。今の季節、田畑や空き地、道端は、見分けの難しいそっくりさんの花盛り。

対生する葉の並びと独特な花の形から、これが人気の園芸品種トレニア（ハナウリクサ）の仲間だと分かるあなたは、かなりの植物通かも。大型で美しい紫の花を咲かせる希少種ツルウリクサや、本種より小さなシソバウリクサが山中でひっそり咲くのもこの季節。希少種はもちろん、空き地や道端の草花も、年により、季節によって繁殖の仕方が全く違ってくる。

どこにでもある雑草と侮り、ついつい撮影を後回しにして絶好のチャンスを逃し、「一期一会」の言葉の重さをかみしめること、いまだ変わらず。

・アゼナ科
・漢字表記／瓜草
・分布／日本全土

ヌスビトハギ
実に仕掛けあり

道端にさくヌスビトハギの花
(2012.9.9 撮影)

木の実がおいしそうに実る秋、散策ついでに獲物を狙って草藪に踏み入った途端、衣服には様々な引っ付き虫植物の実がベタベタ。その中に、抜き足、差し足、忍び足で歩く泥棒の足跡を思わせる実を見つけたならそれが本種。その果実の様子とハギ(萩)に似た草姿からヌスビトハギ(盗人萩)の名がある。

表面に面ファスナーのような鉤《かぎ》付きの毛を持つ実の引っ付き方は、とても強力で草藪に入ったことを後悔するほど。動物や人間の身体に引っ付いて他の場所に運んでもらうための植物の知恵らしく、秋にこんな植物が多いのは実りの頃と合わせているからだろう。草丈もちょうど身体に触れやすい1メートル前後、知らない間にこっそり取り付くからその名があるとも言われる。

本種は林縁部の道端などでごく普通に見られ、少し奥地の湿った場所ではリュウキュウヌスビトハギ(琉球盗人萩)が、さらに奥の薄暗い森の中ではトキワヤブハギ(常盤藪萩)が同じ時期にひっそりと花を咲かせている。これらは花や実の大きさ、葉の形が微妙に違うとはいえ、見分けがかなり難しい。

絶好の散策日和が訪れる頃、山道ではもっと強力な引っ付き虫植物のミソナオシ(味噌直し)の集団が延々と藪を作り、イノシシや人間が通るのを待ちかまえている。

たかが雑草と侮りがちな人間たちは、知らないうちに彼らに利用されるのです。

・マメ科
・漢字表記/盗人萩
・分布/日本全土

ケカラスウリ
風に揺らぐ花びら

いつかは写したいと思いながら後回しになっていたカラスウリの花たち。日が暮れてから咲き始め、夜明けにはしぼんでしまうので、花が咲き残っているのを期待して、自然光で撮影できそうな朝6時に出勤。

ほぼ全開状態のオオカラスウリには会えたものの、ケカラスウリはすでに閉店。やむなく夜中のストロボ撮影となったのだが、闇の中に浮かび上がった径10センチを超える妖艶《ようえん》な花に大感激。繊細なレース状の花びらはかすかな風で揺らぎ、それにまとわり付く虫のなんと多いことか、花の周りは大宴会中だった。花が、本州、四国、九州に分布するカラスウリに似て葉の表面に毛が多いのでケカラスウリ（毛烏瓜）、くちばしのように尖った実の形からテングカラスウリ（天狗烏瓜）の別名も。

闇に咲くケカラスウリの花
（2010.9.18 撮影）

奄美大島で見ることのできるのは、朱色の実を付ける本種とオオカラスウリ（大烏瓜）、黄色い実のキカラスウリ（黄烏瓜）、奄美、沖縄固有のリュウキュウカラスウリ（琉球烏瓜）の4種。他の草木に巻きついて伸び広がるつる植物で、雄株、雌株があり、花や実がなければ見分けが困難。

葉がすっかり枯れ、たくさんの赤い実だけがぶら下がる風景は、いかにも秋、高くて届かないのがくやしいほどおいしそうだが、誰も手を出さないのは先人たちの試食の結果？ 名前にカラスが付くからといって彼らの大好物とは限らず、人間が食べれない実をカラスに譲っただけのことらしい。

・ウリ科
・漢字表記／毛烏瓜
・分布／大隅半島南端以南

コバノボタンヅル
うら寂しい秋の花

林縁に咲くコバノボタンヅルの花
（2008.9.22 撮影）

待ちわびた花の季節、台風に蹴散らかされた林道を諦め半分、期待半分でいつもの場所へ。全てが痛めつけられた景色の中に奇跡的に何事もなかったような部分が残り、この花が咲いていた。

林の中や、林縁部などで他の草木に絡んで広がるつる植物で、径3～4センチほどの純白の花を付けるが、正確にはこの仲間には花びらと呼べるものは無く、花びらのように見えるのは萼《がく》である。本土に分布するボタンヅルは、つる性で葉がボタン（牡丹）に似ることからその名があり、それより葉が小さいのでコバノボタンヅル（小葉の牡丹蔓）。春に咲くヤンバルセンニンソウ（山原仙人草）や真夏に咲くリュウキュウボタンヅル（琉球牡丹蔓）、盛夏を過ぎた頃、沿海地で咲くセンニンソウも同じ仲間でどれも花がそっくり。この3種が日当たりのいい場所で雪を冠ったようにびっしりと花を付けるのに対し、本種は奥まった林道などの薄暗いところでひっそりと咲き、他のものよりも花が大きい割に草姿は華奢。

鹿児島県の絶滅危惧種ヤエヤマセンニンソウ（八重山仙人草）の独特な黒紫色の花に会えるのも同じような場所で今ごろ。どちらも秋のうら寂しさを感じる花である。強風で枝葉を削ぎとられた木々が命の危機を感じているのか、季節の判断に迷っているのか、野山に新緑が目立つ。

打ちのめされて新たに芽吹く、その繰り返しは植物たちも人の世も同じだろう。

・キンポウゲ科
・漢字表記／小葉の牡丹蔓
・分布／四国、九州、琉球（奄美大島、沖縄島、石垣島）

ノシラン
葉も茎も扁平

照葉樹の分厚い葉の重なりで奄美の森は昼間でも暗く、林床を黒々としたノシランの大株が覆い尽くして人を寄せ付けない神秘的な風景を作り上げている。よほどの目的がなければ、今の季節に足元の見えないこの藪の中を進む気にはなれないだろう。一抱えもありそうな株なのに花一輪はとても小さくて下向き、開いた花が少ない上に森の暗さが追い打ちをかけ、フラッシュ無しでの写真撮影はなかなか難しい。決して華やかとは言えない花が冬になると一変、宝石のような瑠璃色の実を鈴なりに付け、ちょうど正月登山でにぎわう湯湾岳辺りでは山道に彩りを添えている。

下向きで小さなノシランの花
（2007.9.24 撮影）

光沢のある扁平な葉や茎を、火熨斗（ひのし＝昔のアイロン）で熨した熨斗鮑（のしあわび＝略して熨斗）に例え、草姿がランを思わせるのでノシラン（熨斗蘭）とか。奄美の方言名カジャモーシャーは難解だが、スゲラン（菅蘭）やヤマビラ（山韮）は、なるほど。海の近くでは、よく似たヤブラン（藪蘭）や、見逃してしまいそうなほど小型のヒメヤブラン（姫藪蘭）が淡い紫の花を咲かせていて、これらの実は黒い宝石のよう。実際は、ノシランやヤブランの仲間には果実にあたる部分は無く、美しい種をむき出しにして手っ取り早く野鳥たちにアピール？

ランの名は付くがいずれもクサスギカズラ科植物で、葉がそっくりなので花や実がなければ見分けにくいが、どちらも花を付けている今が見分けのチャンス、この際、じっくりと比べてみたい。

・クサスギカズラ科

・漢字表記／熨斗蘭

・分布／本州（東海地方以西）以南

オモダカ
葉はツンとすまし顔

沼や水田などに生える湿地植物で、高く伸びた葉柄の先に付く矢尻形の葉を人の顔に見立てオモダカ（面高）。かな文字だけでは意味の分からない名前だが、漢字を見て、改めて見直すと確かにツンと澄ました人の顔に見えないこともない。

茎の上部に咲くオモダカの雄花
（2011.9.24 撮影）

全国的な水田や湿地の減少と農薬などの影響で消えてしまう水草が多い中、本種は根強く生き残っている。除草剤に強く、土からの養分吸収がひどいので水田耕作にとっては強害草らしい。よく育った株は一抱えもあり高さ60センチ以上、休耕田などではどっしり居座った大株の姿がよく見られる。写真は雄花で花茎の上部に付き、緑色の蕊《しべ》を持つ雌花は同じ茎の下側に付くが、すでに花が散り果実ができていた。同花受粉を避けるために咲くタイミングをずらしているのだとか。稲の成長に合わせて発生する水田雑草たちの生き方は、実にしたたかで見事。

水に漂い、数で勝負のウキクサ類は、水面が開けて日当たりがいい田植えから間もない頃がピーク。その時期オモダカの幼い姿は水の中にあり、矢尻形ではない細い葉で稲に擬態して除草人の目をごまかしているつもりなのだろうか。稲の成長に合わせて伸び、根にできる芋と水に浮くたくさんの種子で繁殖、こんな知恵の数々が生き残りを成功させているのだろう。稲が刈られ、日当たりの良くなった田んぼには次の出番を待ちわびる植物がいっぱい。そして、その花を待っている私もいる。

・オモダカ科
・漢字表記／面高
・分布／日本全土

ハシカンボク
秋を知らせる可憐な花

かなり暑い時期から咲き始めるが、花の最盛期は秋。湿り気のある林縁部などに多く、径1・5センチほどの小花が満開になると林道沿いがピンクに染まるほど。花のかわいさ、育てやすさで園芸種としても出回っているようだが、自然の姿を人里近くで見るチャンスは少なく、どちらかと言うと山に咲く花。奄美大島では、少し標高の高い山道などで普通に見られる植物だが、鹿児島県の準絶滅危惧種扱いの大切な存在である。

山道に咲くハシカンボクの花
（2011.9.24 撮影）

一見、草本に思えるこの植物、高さが30～100センチになる小型の木の仲間らしい。古くからの沖縄での呼び名「ハシカン」がそのまま和名として用いられてハシカンボク（波志干木）だが、名前の由来や当てられた漢字の意味は不明である。

梅雨の頃に人里近くで大輪の花を咲かせるノボタン（野牡丹）や初夏に奥山で小さな白い花を付けるミヤマハシカンボク（深山波志干木）も同じ仲間。葉がそっくりで見分けが難しいが、3種には微妙なすみ分けがあり、開花時期と花姿が全く異なる。

「季節の訪れは、春は野から、秋は山から」の言葉通り、ハシカンボクやキンミズヒキ、ハギの仲間などの秋を知らせる花たちの開花は高い場所から始まり、毎年、この花たちに出会った瞬間から私の気分も秋モード。

「一番好きな花は？」と問われれば、春には春を、秋には秋をいち早く知らせてくれる花だろうか。

・ノボタン科
・漢字表記／波志干木
・分布／屋久島以南

ナンバンギセル
物憂げな風情をのぞかせ

巷《ちまた》ではまだまだ厳しい暑さの中で旧盆を迎える頃、山路はすでに秋の草花たちが出番を迎えていた。ヤマハギ、メドハギ、ヌスビトハギにキンミズヒキ、今ではハシカンボクの愛らしいピンクも花盛りである。

時折吹く涼しい風を感じながら、のんびり車を走らせると、道端の藪の中から、そっとこちらを見ているようなナンバンギセルを見つけた。高さ15～20センチほどで、ススキやサトウキビ、ミョウガなどの根に寄生し、葉や茎はほとんど地上に出ることはなく根元に隠れているので、見えているのはほぼ花の部分ということになる。写真は、いつでも水が染み出ているコンクリート張りの法面《のりめん》で、近くにススキらしきものは見えなかったのだが、そこまで根が伸びていたのだろう。長さ3センチ前後の筒状の花の奥に黄色く見えるのが雌しべで、その奥に雄しべもあり、よく粘液が垂れるため「よだれ花」の別名も。

花の姿が、南蛮人の使うパイプに似ることからナンバンギセル（南蛮煙管）の名がついたのだが、それよりも古い時代には、うつむき加減で物憂げな風情を「思い草」と呼んだとか。方言名でもキシリバナ（煙管花）。ナンバンギセルよりも大型で、ガクの先端が尖らず、花びらの縁に細かい切れ込みのあるタイプをオオナンバンギセル（大南蛮煙管）として区別することもある。

山道を、ススキの根元に注意しながら走っていれば、いつか、どこかで、会えるかもしれない。

・ハマウツボ科
・漢字表記／南蛮煙管
・分布／日本各地

道端に咲くナンバンギセルの花
（2006.10.1 撮影）

ヒルムシロ
水面に浮かぶ特等席

水面に突き出たヒルムシロの花
（2009.10.1 撮影）

今が盛りの水草たちの花を楽しみに、毎年訪れている大和村の森林公園。今年は、ちょうどいい具合に周囲の大型植物が取り除かれた池は水の中がよく見える。水底にはたくさんのスブタ（料理の酢豚ではなく水草の名前）が鎮座、水面にはヒルムシロや食虫植物のミカワタヌキモがゆったりと浮かんでいる。

ヒルムシロの名は、蛭《ひる》が棲んでいそうな池沼、田んぼの水面に浮かんだ葉を蛭が休むための筵《むしろ》に例えたもの。泥の中から水中用の細い茎葉を立ち上げ、水面近くまで伸びるとさらに広い浮水葉を出す。長さ5〜10センチほどの葉の付け根から水上に突き出た棒状の物が花で、小さな雌雄花の集合体。花粉は風に託すので昆虫を誘うためのきれいな花びらは不要らしい。花後、花柄が倒れ込んで水中へ放たれた種子を鳥や水の流れが遠い場所へ運ぶ。

種子だけではなく、ちぎれた地下茎からも増えるので、繁殖力、生命力はかなりのもの。水田耕作者にとっては根絶やしの難しい迷惑雑草だが、農薬の普及、水田や池沼の減少もあって、全国的にその姿を消しつつある。奄美でもほとんど見ることができなくなり、ここが最も多くのヒルムシロに会える貴重な場所。

静かな水面《みなも》に筵の葉を敷き詰めたようなこの景色を前にすると気持ちがゆったりとして、嫌われ者の蛭にさえ寝床を与えたくなる心の余裕が出てくるのは不思議である。

・ヒルムシロ科
・漢字表記／蛭筵
・分布／日本全土

オオバボンテンカ 仏様からもらった名前

「おっ、咲いてる、咲いてる」「帰りに写そう」この「帰りに」や「後で」の精神が曲者。午前中の数時間しか開かないこの花、帰る時にはすでに遅し」で、しぼんでいた。計り知れない時間の浪費と膨大な車の燃料を消費し、こんな失敗と後悔の繰り返しの末に、様々な植物たちの個性を知ることはできた。何の花が、いつどこで、なん時に咲くのかまで知っているのが、私の「ちょっと自慢」なのだが、振り返れば、どこにでもある花に限って満足する写真が撮れていないのは、その失敗をいまだに繰り返しているからなのだが。

ハイビスカスに似たオオバボンテンカの花
（2007.10.2 撮影）

ボンテンカはインド原産だと思われて仏法の神様「梵天《ぼんてん》」の名をもらったのだが、実際には、アジア、アフリカの熱帯、亜熱帯地域に広く分布するらしい。九州南部以南で見られる本種は、ボンテンカよりも葉が大きく、ほとんど切れ込みがない。高さ1メートル前後、径2センチにも満たない花は、色も形もハイビスカスのミニチュア版で、仏様の名が授けられただけあって、よく見ると、ハスの花に座する仏様の姿に似ているような気もする。

鉤付きのとげを持つ果実は、枯れると人や動物の体に引っ付いて広がり、日当たりのいい道端や空き地、畑などに根付く。畑の草取りを油断してはびこらせると、しぶとい根やしつこく付きまとう果実に手をやくことになるが、樹皮からは繊維が取れるので、利用次第では役に立つかもしれない。

・アオイ科
・漢字表記／大葉梵天花
・分布／九州南部以南

シバハギ
花の盛りは短くて

「夏草や〜……」なんて、一句ひねりたくなるほど夏の草木はよく育つ。そんな夏草の茂みに隠れて目立たなかったシバハギが、花期を間近にわさわさと枝を伸ばしだし、人や車の踏みつけもものともせず、アスファルトの熱さもなんのその、道路まで這い出してきた。邪魔者がなく日当たりのいい場所ではとても威勢がいいようだ。

道路に這い出したシバハギの花
（2007.10.4 撮影）

花や葉がハギ（萩）に似て、地を這って広がる姿を「芝」に例えて「芝萩」の字を当てるが、か細いながら木質で丈夫な茎を持つため「柴萩」とする説も。長さ4〜5ミリの花が房を作り、順々に咲き上がるのだが花色が美しいのは一日だけで、花畑のような鮮やかな風景も2〜3日で色あせてしまう。どこにでも咲いているのになかなか納得するものに会えず、迷っているうちにシャッターチャンスを逃してしまう、それほど花の盛りが短い。満開の花の傍らで果実もたくさんできていて、鉤のある細かい毛で動物などにこっそり取り付いて遠くに運んでもらうのだ。

この繁殖の仕方は、抜き足、差し足、忍び足で歩く盗賊の足跡をイメージしたヌスビトハギ（盗人萩）と同じで、花や葉はハギ（萩）に似るがハギ属ではなく、ヌスビトハギ属である。林縁では仲間のヌスビトハギやリュウキュウヌスビトハギ（琉球盗人萩）、トキワヤブハギ（常磐藪萩）、ミソナオシ（味噌直し）なども開花中。

この草むらに足を踏み入れたら、盗賊たちの大襲撃間違いなし。

・マメ科
・漢字表記／芝萩
・分布／本州（静岡県以西）以南

シソクサ 田んぼの健康バロメーター

湿地に咲くシソクサの花
（2007.10.6 撮影）

稲刈りが終わりすっきりとした水田地帯、しばらくたつと出番を待ちわびたかのように様々な植物が芽吹き、再び緑のじゅうたんに早変わり。俗に言う水田雑草と呼ばれる植物たちである。キクモ（菊藻）にアゼナ（畦菜）、ウリクサ（瓜草）、アゼトウガラシ（畦唐辛子）など、共に咲いているゴマノハグサ科の花はどれも小さくて地味だが、その中で本種は割に目立つ方だろう。図鑑に載る花色はほとんどが白だが、奄美大島で見る限りでは写真の色が普通で、わずかに見られた白花の場所は環境が変わって、今年はゼロ。葉を揉むとシソ（紫蘇）の香りがするのでシソクサ（紫蘇草）とか。邪魔者がいない所では、枝分かれして這うようなこともあるが、他の草が密集したり、水に浸かる所では直立して高さ30センチほどになる。

耕作が繰り返されることで繁殖する水田植物は、田んぼが荒れ過ぎると姿を消し、再び耕作が始まると土の中に眠っていた種子が目を覚ます。あまり農薬を使わない場所は草の種類が豊富で、それは田んぼが健康な証拠かもしれない。一生を稲作のサイクルに合わせているといわれる彼らは、稲が留守の間に子孫を残さなければならず、すでに来季の田植えに向けて田起こしが始まっている傍らで、小さな花たちの秋は大忙し。同じ場所でも、年によって現れる植物が違うこともあり、数少ない水田を年中歩き回っていると、その姿が不審なのだろうか、田んぼの主らしき人が、さりげなく幾度も通り過ぎていく。

- オオバコ科
- 漢字表記／紫蘇草
- 分布／本州（関東地方）以南

ツルボ
清楚ながらも凛と咲く

苔むした古い墓地はなぜか気になり、呼び寄せられるようにお邪魔すると、このツルボに会えた。ほどほどに人の手が入ったこんな場所には、古くから人々と共に生きてきた草花たちが息づいている。人里には、イヌタデやハコベなど、稲作や麦作などの農耕文化に伴って入ってきたとされる植物が多く、この花もその中の一つ。海岸近くの日当たりのいい道端や畑の土手、原野などで多く見られ、大きな群落を作ることも。

墓地に咲いたツルボの花
（2006.10.8 撮影）

つるのような細長い茎の先に花穂が付くから「蔓穂」、黒っぽい球根の皮をむくと現れるラッキョウのようなつるりとした白い頭を「つる坊主」とか。その名の由来はどれも定かではないのだが、別名のサンダイガサ（参内傘）だけには、公家が宮中に参内する際に供の人が差しかけた傘の閉じた形に似るからだというはっきりとした説明がある。

春に畑の土手で見つけた株に花が咲くのを待ちわびたが、咲かないまま葉は枯れてしまい、秋に再び葉が出て花も付いた。春の葉の方が大きくて数も多かったのは、球根を育てるためだったのだろう。花茎の高さ30～50センチほど、真っすぐに咲き立つ姿には凛とした美しさがあり、下から順に咲き上がる花穂の様子は色鮮やかな線香花火のよう。同じような場所に生える人気の山菜、ノビル（野蒜）の葉に似るが、ノビルは筒状でこちらは扁平。ツルボの球根には毒があるのだが、食料難の時代には毒抜きをして食べたらしい。

・クサスギカズラ科
・漢字表記／蔓穂
・分布／日本全土

アキノワスレグサ
なかなか会えない里の花

堤に咲いたアキノワスレグサ
（2005.10.9 撮影）

除草剤で見事に枯れた堤の斜面、強い根のおかげか人が手心を加えたのか、この花だけが生きていた。田畑の縁や人里近くの道端などに多い植物で、さほど珍しくもないのだが、草刈のタイミングが良くないとなかなか花を見ることはできない。近ごろは人家の庭以外ではまとまった花を見ることが難しいので、偶然、堤防の斜面で見つけた花たちを、名前のイメージを狙って写してみたのだが、よく晴れた日だったのでコントラストが強くて元気のいい仕上がりになってしまった。

草丈30～70センチほど、花茎の先に付く鮮やかな花は一日花だが、蕾が次々に開いて長い間咲き続ける。古くから中国では薬用、食用として栽培され、日本にも伝わったカンゾウ（萱草）を別名「忘憂草」と呼ぶことから、この仲間に「つらく、悲しいことを忘れる」という意味のワスレグサ（忘れ草）の名がついた。本種は秋咲きなのでアキノワスレグサ（秋の忘れ草）、冬でも葉が枯れないのでトキワカンゾウ（常緑萱草）の別名もあるが、秋に限らず夏の早い時期から咲いているようだ。沖縄辺りではクワンソーの名で、古くから食用や薬用として栽培され、現在もお茶や健康食品として販売されているようだが、奄美大島では食用にする習慣はないと思う。

人家の庭には、この仲間たちが年中咲いていて、八重咲き品や色も様々、中には本種だと思えるものもあるが、園芸品なのかどうか見分けがつかない。

・ワスレグサ科
・漢字表記／秋の忘れ草
・分布／九州南部以南

萼がおしゃれなタンゲブの花
（2011.10.9 撮影）

タンゲブ
人知れず凛と咲く

朝晩の風に涼しさを感じ始めたら、山路は秋の草花たちの出番。林道を車で走り抜けるだけでもヤマハギやハシカンボク、ヌスビトハギたちの大歓迎を受け、十分に秋の気分に浸れるけれど、草藪にひっそりと咲く小さな花との出会いは、やはり、歩けばこそだろう。

このタンゲブも、歩かなければ会えない花の一つ。幾つもの茎が根元から枝垂《しだ》れるように伸び、長さ1メートルを超えることも。細い茎にズラリと対生する葉が、羽ばたく鳥の羽のようで印象的。下向きかげんで葉に隠れるように咲く小さな花を探すよりも、独特の草姿を覚えた方が見分けやすい。

キキョウの仲間にしては地味で、期待はずれの感もあろうが、よく見れば、なかなか凛とした美しさがあり、なんといっても、ぎざぎざに裂けた萼《がく》がなんともおしゃれである。径1センチほどの丸い果実の微妙な位置にその萼を付けた姿から、以前、キャラクターグッズにもなった両生類のウーパールーパーを思い出すのは私だけだろうか。果実は黒く熟すと食べることができる。

やや標高の高い道端などに生え、方言名には、タングブ（直音）、タンピッ（戸円）があり、宇検村芦検集落には本種を題材にした島唄「キンカブ節」があるが、名前の語源も漢字も分からない。細い茎がつるを思わせるのでタイワンツルギキョウ（台湾蔓桔梗）やシマギキョウ（島桔梗）の別名も。

・キキョウ科
・漢字表記／不明
・分布／種子島、奄美大島以南

ゲンノショウコ
民間薬として重宝

鮮やかな色のゲンノショウコの花
（2007.10.10 撮影）

全国的には畑や水田の雑草らしいが、奄美ではそれほど数多い植物ではないので、あこがれて探し続けた花の一つ。探し求めていた花との初めての出会いは、なんと、いつも通っていたかつての国道脇で、今までも咲いていたのに気付かなかっただけだろう。走る車からでもそれと分かる鮮やかな花色が、目に飛び込んできた時のあのうれしさは今でも忘れられない。

古くから下痢止めとして重宝されてきた民間薬で、名は、飲むとすぐに効き目が現れるという意味そのままのゲンノショウコ（現の証拠）、冗談のような名前だが、とても効きそう。

最初に出る根生葉に紫褐色の斑点があるのが特徴で、茎は立ち上がったり、地を這うように伸び広がって長さ30～60センチほどに。花の径1・5センチほどで、東日本には白花が多くて西日本は紅紫色が多いらしく、奄美で見る花も紅紫色ばかりである。ロケット型の果実は、種子を遠くへ飛ばすための秘密兵器。種子を弾き飛ばして上にめくれ上がった莢の形が神輿《みこし》の屋根に似ていることから「神輿草」の別名があり、この「神輿」も花のように見える。分布の南限となる奄美での生息地はほとんどが道端や公園の隅などの人間くさい場所である。

近ごろ、本種によく似た北アメリカ原産のアメリカフウロ（亜米利加風露）が道端や公園、田畑の縁などで幅を利かせているが、よく茂る枝葉の割に花は小さく、色も淡い。

・フウロソウ科
・漢字表記／現の証拠
・分布／日本全土

コキンバイザサ
踏まれてもたくましく

澄み渡る青い空、見渡す限りの大海原、岬の大パノラマに夢中になっているあなた、「踏んでますよ、足元に咲いてる小さな花」。花丈2～3センチ、沿海地で日当たりが良く、草が定期的に刈られる公園や道端などの草地に生えるのだが、葉が芝のように細いので花でも咲いていないと、気が付かないかもしれない。

梅に似ている？ コキンバイザサの花
（2007.10.14 撮影）

よく晴れた日中、日差しが強くなるにつれ、まるで太陽に応えるように、黄金色の花があちらこちらで目覚め出す。図鑑によると本州での花期は春から初夏にかけてとあるものの、奄美では、年中、花が咲いているようだ。花が梅に似て、葉が笹に似た葉を持つキンバイザサ（金梅笹）よりも小型なのでコキンバイザサ（小金梅笹）の名があるのだが、それほど梅の花に似ているとは思えないのだが。

キンバイザサに比べるとかなり葉が細いが、花の大きさ、凛々《りり》しさでは負けていない。植物全体にまとわり付くように生える細長い毛は、花びらの先端にまで及ぶので、最初に見たときは綿くずと間違ってしまった。地中に小さな球根があるために古くはヒガンバナ科に分類されていたが、この毛深さもあって、現在はキンバイザサ科とする。地べたに張り付くように咲く花たちは、光を遮る邪魔者を人間が刈り取ってくれる場所を選び、自らも身を低くして草刈を逃れるているのだ。

しなやかで少々踏まれても大丈夫、人間の力をうまく利用しながらたくましく生きている。

・キンバイザサ科
・漢字表記／小金梅笹
・分布／関東地方以西

キンギンナスビ

鋭いとげで鉄壁の守り

完熟、未熟のキンギンナスビの果実
（2009.10.17 撮影）

「紅白」にも勝る「金銀」の名は、完熟、未熟の果実の色からくるのだが、実際の色は写真の如く。

径3センチほどのミニトマトのような実は、白っぽい緑から黄、橙、朱、と熟するまでの色のグラデーションがなんとも楽しく、その鮮やかさから別名ニシキハリナスビ（錦針茄子）とも。春をピークに一年中チラホラと咲く花は白色で、形は野菜のナスビ（茄子）にそっくり。明治の初めごろ観賞用に導入されたものが、海岸や沿海地の道端などで野生化している。茎や葉の表裏に鋭いとげが突き出しているので、見るだけならきれいな実も畑や家の周りにはびこったら大変。奄美大島では見たことはないが、似た植物で、日本全土に広がっている帰化植物ワルナスビ（悪茄子）の名を考えれば、その迷惑のほどが分かるだろう。

動物などの食害やつる植物の絡みから逃れるためにとげを持つ植物は多々あるけれど、本種は「そこまでやるか！」と言いたくなるような完全武装。こんな植物も、子孫繁栄のためには、誰かに種を運んでもらわなければならない。人間様でも手を出したくない鉄壁の守りをかいくぐった昆虫がいるらしく、葉や果実に食べ跡が残っていた。

これほどおいしそうな実を人間たちが食べないわけがないと思って聞き回ったら、やはり、食べた人がいた。「そのお味は？」と、聞いてみたら、「アジン、ヒジン、ねん（味も素っ気もない）」。

毒があるとも聞くが、彼は今でも元気である。

・ナス科
・漢字表記／金銀茄子
・分布／関東地方南部以南

コナギ
昔は食用だった

沼地や田んぼ、水路などの湿地に生える水草の一種。帰化植物のホテイアオイによく似ているが、それよりも小型で葉柄に膨らみがない。艶のあるハート形の葉、目の覚めるような鮮やかな花の色は観賞用にしたいほど美しいけれど、開いているのは午前中だけ。

水田に咲くコナギの花
（2004.10.17 撮影）

ナギ（菜葱）は、同じ仲間ミズアオイ（水葵）の古名で、それよりも小さいので「小」が付く。古い時代に稲作の伝来に伴って入ってきたとされ、その一生も稲の成長に合わせているのだとか。ミズアオイと共に野菜として食された時代があり、「菜葱」の漢字はその名残。周囲で食べた話は聞かないけれど、現在も野菜として扱っている国があるらしい。花が終わると花柄が倒れて水中で実を結び、水の流れで種子を広げていく。繁殖力が強く、除草に油断があると水田をびっしりと覆い尽くして稲を弱らせる強害草なのだが、これが食用になるのなら一石二鳥、果たして、お味の方は。全国的な田んぼや湿地の減少で、消えていく一方の水草たち、耕作者には迷惑であろうけれど、わずかな水たまりにでも生えるコナギは、水田の少ない奄美でも容易に見ることのできる、うれしい植物である。

初めのうちの葉は笹の葉のように細く、次第に丸みを帯びて行く段階で葉の形に変化が多いためか、ササナギ（笹菜葱）、イモバグサ（芋葉草）、ツバキグサ（椿草）、ハートグサなど多彩な別名があるのだが、奄美大島での呼び名は、単に「水草」。

- ミズアオイ科
- 漢字表記／小菜葱
- 分布／本州以南

可憐なヘクソカズラの花
（2013.10.20 撮影）

ヘクソカズラ
絶妙な香りは護身術？

似通ったつる植物の見分け方として、葉をちぎってにおいを嗅いでもらうと、間違いなく誰もが顔をしかめるのが本種。名前を知らなくても、そのものずばり「・・・のにおい」と言う人も。気の毒とも思える名前だが、これほど親しみを込めて呼ばれている植物名は他にはないかもしれない。屋敷周りや道端、公園の植え込みなど、いたる所に生えているので、草取りをしていて思わず後悔するのが、このつるを引きちぎったとき。分かっていながらも、つかんだ手のにおいを嗅いでしまうのはなぜだろう。そのひどいにおいのおかげで万葉の昔、糞蔓《くそかずら》の名を頂き、江戸時代になると、さらに「屁」を重ねて屁糞蔓《へくそかずら》と言われるようになったとか。いつの頃からか、都から遠く離れたこの島でも同じ意味でヒンクスカズラ（屁糞蔓？）と呼ばれているのも面白い。

よく見るととても愛らしい花に同情してか、花の形を早乙女のかぶる笠に見立てたサオトメカズラの名や中心の赤い部分をヤイト（灸）のあとに例えたヤイトバナ（灸花）の名もあるが、やはり、ヘクソカズラの名はなじみ深くて捨てがたい。

秋に黄金色に熟す果実はしもやけやあかぎれの民間薬として利用された。庭や畑では迷惑者のこのつる植物、きっとあなたの身近にもあるはず。葉や花を食べる動物や昆虫たちから身を守るための護身術とされる絶妙な香りを、ぜひ、お試しあれ。

・アカネ科
・漢字表記／屁糞蔓
・分布／日本全土

バクチノキ
身ぐるみ剥いで赤裸

もちろん、バクチとは賭け事のことで、バクチノキ（博打の木）は、れっきとした和名である。他にもショウベンノキ（小便の木）など、面白い名前の説明には観光客の食い付きがよく、ガイドさんたちにも人気者。

幹が大きくなるにつれて樹皮がめくれて剥《は》がれ落ち、鮮やかな赤褐色の木肌があらわになっていく。そんな木の姿を、博打に負けて身ぐるみ剥がされ赤裸のまま放り出された博徒になぞらえた。別名ビランジュ（毘蘭樹）とも。湿り気のある山の斜面に生え、大きなものは直径1メートル、高さ15メートルほどにもなるらしい。住用町の三太郎峠や名瀬の金作原林道でも見事に赤裸になった大木を見ることができるが、あまり高過ぎて花が咲いていてもなかなか気付かないだろう。

径6ミリほどの花が穂をつくるが、花びらはすぐに落ちてしまうらしくて雄しべだけが目立っている。山中で静かに咲く姿は、同じ仲間の桜や梅の花が、華やかに春を彩るイメージとはかなりほど遠い。

賭博信仰のシンボルにされた時代もあったとかで、博打の強運を祈るのか、止められないわが身を詫びているのか、現在でもこの木に手を合わせる人がいるとか。いつの世にも消えることはないであろう賭け事、結局、泣くも笑うも自分次第なのだが。

木が若いうちは樹皮が剥がれることもなく、赤裸になっていくのは大人の証し、博打をするのも大人ということか。

・バラ科
・漢字表記／博打の木
・分布／関東地方以西

雄しべが目立つバクチノキの花
（2002.10.20 撮影）

コヨメナ
人里に咲く野菊

秋の野山はキク科植物の天国である。海辺では、オオシマノジギクやイソノギクの清楚な花が潮風に揺れ、沿道に溢れるヤマヒヨドリの白花にツバシャ（ツワブキ）やニギャナ（ホソバワダン）の黄色がアクセントをつけ、里の田畑の縁にはこんな野菊が咲いている。

畑の縁に咲くコヨメナの花
（2003.10.26 撮影）

古い時代から春の若芽を野菜として食し、それを摘むのが嫁の役目だったのか、その名もヨメナ（嫁菜）、優しく美しい姿を表す時の「姫」と同じ意味の「嫁」だとも言われ、説はいろいろ。「嫁菜」があれば「婿菜《むこな》」も？ なんと、本土に分布するシラヤマギク（白山菊）に「婿菜」の呼び名があり、やはり若芽を食用にするらしい。見かけがヨメナよりも大型で男らしいからだろう。ヨメナは屋久島辺りが自生の南限とされ、奄美で一般的に見かけるのは、花や草丈が小型のコヨメナで、別名インドヨメナ（印度嫁菜）とも。

根絶不可能と言われるほど強靭《きょうじん》な地下茎でどんどん広がり、迷惑雑草と言われるほど数が多い割に、花畑のような場面にはなかなか巡り会えない。先日お邪魔したみかん畑の下草はほとんどこの植物だったが、頻繁に草が刈られるので花を付ける間がないらしく、広い畑にただの一輪も見当たらなかった。温暖なこの島では、一年中、野菜が育つためか、本種を食べた話を聞かず、試しに芽を噛んでみたが季節が悪いのか、かなり繊維がきつくて香りも味もいまひとつ。春の新芽もぜひ味わってみなければ。

・キク科
・漢字表記／小嫁菜
・分布／四国、九州南部以南

チャノキ
故郷は中国

缶入りの烏龍茶が、自動販売機に登場して20年以上経つだろうか。当初、「こんなただのお茶、誰が買うの?」と思っていたら、瞬く間に緑茶や「○○茶」と書かれたペットボトルがズラリ。普段、湯呑茶碗でお茶を飲むことのない小さな子供たちまで「やっぱり、日本人はお茶だよね」なんて、うれしいことを言いながらボトルを手にするようになった。食事をする部屋を「茶の間」、飯を盛るのは「茶碗」。友達同士で「ちょっと、お茶する」のは「喫茶店」、ありふれていることを「日常茶飯事」など、茶の付く言葉を数え上げればきりがないほど私たちの生活の中には当たり前のようにお茶がある。

緑茶を日本茶と呼ぶが、チャノキの故郷は中国で、「チャ」は広東語と同じらしい。日本へは平安時代に伝来し、一般に栽培、製茶法が広まったのは鎌倉時代以降とされる。幾種類かのチャノキから様々な品種が作られ、異なる製法で緑茶、紅茶、烏龍茶など、各国の風俗や食生活に合った茶の形が生まれたとか。日本で最も多い栽培品種はヤブキタで、静岡県の竹藪を開墾した畑の北側で育てられたことからの名前らしい。戦前までは奄美各地にも茶畑や製茶場があり、個人でも自家用として植えていたようだが、味はあまり良くなかったと聞く。

今でも山中に茶畑の名残が見られ、かなり後まで栽培をしていた大和村福本盆地には、整備された森林公園の一角に往時を語り伝えるかのようにチャノキが並んでいる。

白いツバキに似たチャの花
（2007.10.29 撮影）

・ツバキ科
・漢字表記／茶の木
・分布／本州以南

葉に丸みのあるマルバツユクサ
（2011.10.30 撮影）

マルバツユクサ
とても気になる畑の花

畑作をしている人々にとっては目の敵《かたき》のような雑草。茎の節々から根を下ろしながら這うように広がり、抜いても抜いてもすぐに畑を占領されてしまうのは、地上と地中の両方で種子を作っているかららしい。生命力が強く、抜いてそのまま放置しても7日間も生き続けるという意味のナンカンダネ（7日種）の方言名（笠利）をもらうほど。

写真は、台風で痛めつけられたサトウキビ畑の縁で、いち早く蘇りみずみずしく咲いていたもの。径1・5センチほどのありふれた花ではあるが、すっかり枯れ草色になった景色の中でのこの色はかなり目を引いた。

日本全土に分布するツユクサ（露草）の名は、朝露が残っている間だけ咲いているからとか、古い時代、花の汁を直接布にすり付けて染めた「着き草」が訛ったものとも。本種はそのツユクサよりも花色が淡く、縁が波打った葉は丸みを帯びている。

奄美を北限とする大型のナンバンツユクサ（オオバツユクサ）が山地の湿った所に群生するのを除けば、他のシマツユクサ、ホウライツユクサも同じく庭や道端、畑の雑草。みんなそっくりで区別は難しいが、花の色と苞（花を包む2枚貝のような部分）の違いが決め手。

どれも早朝に咲き出し、陽射しが強くなる頃には萎んでしまうので、朝露に濡れた表情豊かなこの花たちに会いたいのなら朝の散歩が一番。

・ツユクサ科
・漢字表記／丸葉露草
・分布／本州（関東以西）以南

ホシアサガオ
生まれは熱帯の国

植物界のエイリアン（異国者）は突然現れるようで、いつも通っている道端や畑に、去年までは見えなかったはずの花が一面に咲いていた。こんなふうに出現するのはほとんどが帰化植物で、数年で消えてしまうものもあるが、本種のようにとてつもなく広がり続けるものもある。

愛らしいホシアサガオの花
（2007.10.31 撮影）

初めての出会いは2001年、加計呂麻島の大好きな水田の縁で他の草に絡まって咲くこの花の愛らしさに心躍らせたものだった。径2センチほどと小ぶりながらも、雰囲気がサツマイモ（薩摩芋）の花にそっくりだったので、アサガオ（朝顔）とサツマイモは親戚なのだとあらためて実感させられた。名は、真上から見た花の形が星に似るのでホシアサガオ（星朝顔）。熱帯アメリカ原産で、戦後、輸入穀物や飼料に混ざって入ってきたらしい。地球規模になった物流の副産物なのだろうが、植物たちには国境なんて関係ない。奄美では堆肥などに混ざったと思えるものが農業の盛んな地域に広がっており、北大島のサトウキビ畑などでの大繁殖ぶりには末恐ろしさを感じるほど。

草姿はそっくりだが、全体毛だらけで花の白いネコアサガオ（猫朝顔）もあちらこちらで増殖中。このかわいい顔したエイリアンたち、人間たちが甘い顔をしていると、たちまち作物をのみ込んでしまうほど手ごわい。

一面に咲き乱れる光景は、見ているだけなら心癒されるが、狙われた畑はとても気の毒。

・ヒルガオ科
・漢字表記／星朝顔
・分布／関東以西

タマムラサキ
名を改めてデビュー

玉の形に咲くタマムラサキの花
(2008.11.3 撮影)

見た目は畑のラッキョウにそっくり。しかし、これは野菜ではなく野生種なのです。草丈30センチ弱で、ボール状に集まった花は小さくて素朴だが、以前はアマミラッキョウ(奄美辣韮)と呼ばれて固有種として扱われていた。

野菜のラッキョウの葉はストロー状で中が空洞なのに対して本種の中身は詰まって扁平、花の相違点も幾つかあるらしい。近年の研究で本州や九州に分布するタマムラサキと同じということが分かり、名前が改められて固有種も返上。生息地は奄美大島の北部海岸の数カ所に限られ、その一カ所で展望公園になっている岬では、かつて絶滅危惧種のイソノギク(磯野菊)が咲き乱れ、奄美では数少ないリンドウ(竜胆)の花も見ることができた。残念ながら、その風景はすでに幻となってしまったが、四季折々に咲く花たちの宝庫であり、360度の雄大な展望が訪れる人々を癒してくれる場所であることに変わりはない。

岬の丘がタイミング良く草刈された年には、オオシマノジギクやサイヨウシャジン、タマムラサキなど、一面の花畑が出現するので、草刈と競争しながら、毎年、楽しみに出かけている。今年も、もう満開のはずとワクワクしながら来てみたら、見事に丸坊主。

公園の隅々を探し回ってなんとか見つけたアベック咲き、固有種の肩書きは消えたけれど、玉のように咲く紫の花、タマムラサキ(玉紫)の名もいい。

・ヒガンバナ科
・漢字表記/玉紫
・分布/関東南部以南

オキナワスズメウリ おしゃれな芸術品

これはもう芸術品。どうしてこの形でこの色なのか、野生のウリの仲間では最も美しいと思えるスイカのミニチュアのような実がにぎやかに垂れ下がる風景は、ワクワクするほど楽しい。沿海地の林縁や藪に生えるつる植物で、特に石灰岩地帯を好むらしい。花は雄花と雌花があり、径1センチほどで黄色。径2センチ前後の実は、初めは緑色だが熟すにつれて赤色に変わっていくグラデーションがとても美しく、花よりもずっと目を引く。手のひらを広げたような葉の大きさはカラスウリの仲間と同じくらいだが、切れ込み方が個性的なので、花や実がなくても見分けやすいだろう。果実が美しいので観賞用に栽培されたり、園芸品として販売もされている。

鮮やかな色のオキナワスズメウリの実
（2007.11.4 撮影）

奄美に分布するスズメウリの仲間には、果実が長さ1・5センチほどの楕球形で暗緑色に熟す、琉球列島固有のクロミノオキナワスズメウリ（黒実沖縄雀瓜）と、小粒ながら色鮮やかな赤い実の奄美大島北限種、サンゴジュスズメウリ（珊瑚樹雀瓜）がある。植物の名前に使われるカラスやスズメは、花や実の大小の表現で、スズメウリが特に雀の好物だということではなく、小さな果実を雀の卵にたとえたものとか。この果実に雀が群がる様子は見ないにしても、このおしゃれな実を好む鳥や、虫たちがいるのは間違いない。写真は奄美北部の海沿いの道端、今までに見なかったほどの群生地でたくさんの果実が熟す頃に葉は枯れて、赤い色が際立っていた。

・ウリ科
・漢字表記／沖縄雀瓜
・分布／トカラ列島口之島以南

シマイボクサ
繁殖力はランナーのおかげ

一通りの日程を終えた休日の午後、住用川河口部の農道を車でぐるぐる。その時、畑の防風林のすき間から目に飛び込んできたのがこの風景。まるで白いじゅうたんを敷き詰めたように一面に咲いているのだが、遠目には小さすぎて何の花なのか分からず、ちょいと畑の中へ。信じられないほどのシマイボクサの大群生だった。

畑に広がるシマイボクサの花
（2002.11.5 撮影）

除草剤に強いのだろうか、手入れの行き届いたミカン畑の下草はこの植物だけで、放射状に出る数枚の葉の間から横に伸びる茎は30センチを超え、その枝先には花が付き、地面に付いた節々からは根と葉が現れる。いつしかちぎれて独り立ちするための増殖用の頼もしい茎、それをランナー（走出枝・匍匐枝）と呼ぶ。肉厚の茎葉は乾きにも強く、抜かれてほったらかされても、長い間生き続けられ、もちろん、種子でも増えるとなれば、この繁殖力のすごさも納得できよう。

湿り気があり定期的に草が刈られる畑の縁や田の畦、公園、空き地などに多い。奄美に分布する仲間は、北海道を除く日本全土の水田や沼などの水辺に生えるイボクサと、九州南部の島々に見られる、イボクサに比べると花びらや葉に丸みがあり、花色も淡いシマイボクサ（島疣草）の2種。イボクサの名は、草の絞り汁を付けると疣《いぼ》が取れると言われることからだが、効き目のほどは疑問らしい。

花が咲いているのは晴れた日中のみ。こんな風景に会えるのは、頻繁に歩き回るマメさと運の良さ。

・ツユクサ科
・漢字表記／島疣草
・分布／南九州以南

リンドウ
味は苦い竜の胆

心地良い名前の響きと姿の優しさに似合わず、漢字にするとちょっとすごい。漢方薬として用いられる根は、この世のものとは思えないほど苦いらしく、例えられたのが、誰も味わったことのない「竜の胆《きも》」。試してみたい気もするが、残念ながら奄美では自生地も数もほんのわずかで、他の植物を探しながら偶然出会えた場所ばかりである。

草むらに咲くリンドウの花
（2007.11.9 撮影）

なかなか気難しい花で、開いているのはよく晴れた日中のみ。全開するかどうかは太陽の気分次第のようだ。草地にひっそりと咲いているのだが、野生にしてはあまりにも目を引きすぎて、そのほとんどが息絶え絶えの現実に、今咲いている花が無事に枯れて、来年もまた咲いてほしいと願わずにはいられない。

山畑で耕作がなされ、原野などの草刈も盛んに行われていた頃は数も多かったらしいが、畑が放置され、原野が荒れて周囲の草木が伸びて日当たりが悪くなるとどんどん姿を消してしまい、いまある場所でも新たな工事などで数は減り続けている。日当たりを好む本種のような植物は、ある程度の草刈など、人間の手助けが必要なのかもしれない。海を望む小高い丘の草むらや日当たりのいい山道など、意外に簡単な場所で会えることも。

今のところ、本土のリンドウと同じ種類とされているが、全体的に小型なことなど、いくらかの異なる点があるらしく、奄美の植物を研究する学者たちにより、将来的に「アマミリンドウ」誕生の可能性もあるらしい。

・リンドウ科
・漢字表記／竜胆
・分布／本州以南

ブソロイバナ
とても気の毒な名前

まばらに咲くブソロイバナの花
（2007.11.9 撮影）

不細工とか不揃《ぞろ》いなんて、褒め言葉じゃないことくらい誰にでも分かる。そんなありがたくもない名前を授かった花に同情さえしたくなるのだが、実際に会うまでは、どれほどの不揃いなのか、興味津々。だが、一見しただけではそのイメージはわかず、わざわざ不揃いの理由を探しているのが、なにかこっけいというか、気の毒な気もする。

四角張った茎は直立し、高さ1メートル前後で、結構、存在感のある株になるのだが枝の広がり方が雑。花穂は、長さ10センチほどと大ぶりだが花がまばらで、咲く順番もばらばら。花の最盛期は秋だが、春に咲いているものもあり、このまとまりのない咲き方が名前の一番の理由なのかもしれない。日当たりのいい林縁を好むようで、知る限りの生息地は道端ばかり。少々、人為的な感じもするが、奄美大島を北限とする希少な植物で鹿児島県の絶滅危惧種の一つになっている。

接近してくる強力台風を気にしつつ、最も数の多い北部の生息地に出かけてみた。新しいトンネルができてほとんど車が通らなくなった旧道で、年に1～2度繰り返される草刈が居心地をよくしているのだろうか、他の場所ではなかなか増えない株がここでは峠の坂道を下るようにして、毎年、少しずつ増え続けている。

道端に咲く花の多くは、人間の生活と上手に折り合いをつけながら生き続けているのだ。

・シソ科
・漢字表記／不揃い花
・分布／奄美大島以南

オオバヤドリギ
行き着く先は鳥まかせ

枯れているのでもなく、紅葉しているわけでもないのに、常緑の森で目に付く赤茶けた枝の塊。ツルグミによく似たその塊はオキナワジイやタブノキ、エゴノキなどにさりげなくすみ着いている。養分を他の木からもらって生きる寄生木で、大きな葉をもつオオバヤドリギ（大葉寄生木）。

絶妙な色のオオバヤドリギの花
（2007.11.11 撮影）

奄美には、ヒノキの葉に似た姿のヒノキバヤドリギ（檜葉寄生木）と共にトゥビキ（飛び木）の呼び名がある。この植物たちが空を飛ぶわけではないが、粘りのある実を鳥が食べて他の木へと飛んで行き、ふんに混ざった種子が運よく枝に引っ付くとそこに根を下ろし、茎が伸びて長さ1メートルを超すことも。種の運命は鳥の気分とふん次第ということになる。無数の枝が美しい球形の樹冠を作り、全体が赤茶けて見えるのは若い茎や葉の裏を覆う赤褐色の産毛のせい。赤褐色のスエードをまとったような蕾が開くとびっくり、花筒の内側は緑と黒、突き出た赤い雄しべには黄色の花粉、雌しべにいたっては全色ぼかしという念の入れよう、こんな奇抜なファッション、いったい誰の為。

森の高い木に付くことが多いので花を見ることは難しいけれど、ときには街路樹やサクラの木に付くこともある。すっかり落葉したサクラの枝の一部分だけ緑の葉がこんもり茂っていたら本種の可能性あり。

緑の葉をもち、自分でも光合成をするので「半寄生」になるのだが、居候は居候、大株に居座られた宿主は、ちょっとつらそう。

・オオバヤドリギ科
・漢字表記／大葉寄生木
・分布／関東地方南部以南

アリモリソウ 奄美にゆかりの花

「アリモリ（有盛）」と聞いてピンとくるのは、全国的にある平家落人伝説。ご多分に漏れず、奄美にも一族にまつわる伝説や社《やしろ》が幾つかある。その一カ所、名瀬浦上町の有盛神社の森で最初に確認されて名前の付いた本種は、とても奄美に縁の深い植物なのです。さぞかし、この花がびっしりと咲いているのだろうと思って命名の地を訪ねてみたら、残念ながらわずかな株を見かけただけだった。湿り気のある薄暗い奄美の森では普通に生えている植物なので、そういった場所にある神社周辺ならば大抵は咲いているはず。名付け親との初めての対面が有盛神社だったのが運命なのか偶然なのか、歴史のロマンも重なって、なんとも意味深げな名前をいただいたものだ。

薄暗い森に咲くアリモリソウの花
（2011.11.13 撮影）

高さ20～50センチほどの繊細な茎に下向きに咲く花は、一見、とてもはかなげだが、中をのぞき込むと意外に情熱的な紅色が。それは昆虫に蜜のある場所を教えるための目印で、ハニーガイド（蜜標）と呼ぶそうな。他の種類の花にあるアクセントのような色や模様も同じで、もちろん、そこには雄しべや雌しべが待ち構えている。動けない植物の子孫繁栄のための戦略だが、その魅力的なわなには虫たちだけでなく人間だってはまってしまう。野草好きの方はご存知のとおり、山道で楚々と咲いているのがアリモリソウの印象。しかし、龍郷町奄美自然観察の森でのイメージは、ちょっと違い、散策道脇で一面に咲き乱れるこの花たちは、にぎやかにおしゃべりをしているように思える。

・分布／九州南部以南
・漢字表記／有盛草
・キツネノマゴ科

オオサクラタデ
水辺に広がる秋の風情

沼に咲くオオサクラタデの花
（2017.11.15 撮影）

奄美で見られるタデの類は10種を超えるが、方言では総称してサデ、サデクサなどと呼ばれている。大きさや微妙なすみ分けがあるけれど、見かけが似ているので区別するのは難しい。

秋にピークを迎える花たちは、意識しなければ咲いているのかどうかさえ分からないほど小さなものばかりだが、アップで見た姿は驚くほどの美しさ。身近な種類としては、道端や畑、空き地などのいたるところに生える濃い紅色のイヌタデ、田んぼや溝、川のふちなどの湿った場所を好み、薄紅を帯びた白い花で、葉の表面に黒い斑のあるボントクタデや若芽を食用にするヤナギタデ、最も大型で海水の混ざるような河口域や沼などに群生する本種など。

高さ1メートルほど、茎の径が1センチ以上にもなる本種だが、特に花が大きなわけではない。それでも、沼や川べりを埋め尽くした群落が一斉に花を咲かせた風景は圧巻で、同じ時期に周囲に咲くススキの穂が情緒を添えて奄美ならではの秋景色を作り上げている。淡い紅色の花が桜を思わせ、本土に分布するサクラタデ（桜蓼）よりも大型なのでオオサクラタデ（大桜蓼）。

川沿いに広がるそんな風景が大好きで、毎年楽しみに出かける場所があるが、そのほとんどが度重なる大水でえぐられ、跡形もなく消えてしまった。

何の役にも立たない草だと言ってしまえばそれまでだが、何も生えない石ころだけの河原はなんとも味気ない。

・タデ科
・漢字表記／大桜蓼
・分布／奄美大島以南

アキノノゲシ
野に咲くレタスの仲間

あれっ？ 朝、通ったときには気付かなかったのに、帰りの道端にはこの花がいっぱい。高さが大人の背丈ほどもあるのに気付かなかったのは、昼ごろにしか開かないからだった。

花一輪は径2センチほど、淡い花色と少し首をかしげたような花穂の様子がとても優しい。道端や原野、田畑の縁で、葉を地べたに張り付けるように広げて冬を越し、秋近くになるとニョキニョキと茎を伸ばして花を咲かせる。葉の形に変化があり、キクの葉のように切れ込みのあるタイプをアキノノゲシ（秋の野芥子）、写真の株のように全く切れ込まないものをホソバアキノノゲシ（細葉秋の野芥子）として区別することも。春に咲くハルノノゲシ（ノゲシ）に対して秋に咲くことからの名前だが、暖かい奄美では一年中ちらほら。ケシ（芥子）とは葉が似るだけの別種である。意外なことに葉を生食するレタスと同じ仲間で花もそっくり。ノゲシの類も昔は食用にしたと載るので若葉を食べてみたら……苦い。宇検村辺りでは、仲間のホソバワダンも含めて方言名ニギャナ（苦菜）、笠利や龍郷にはフクドリャ、ホッコドリの呼び名があるらしいが、その意味は？

稲作の伝来に伴って入ってきた古い時代の帰化植物（史前帰化植物）とされ、生えているのは人々の生活圏に限られている。

単なる雑草ではあるが、長い時を人々と共に生き抜いてきた同士とも言えよう。

優しい色のアキノノゲシの花
（2010.11.20 撮影）

・キク科
・漢字表記／秋の野芥子
・分布／日本全土

サツマイモ
圧制時代の救世主

　ヒルガオやアサガオの仲間なので花がそっくりなのは当たり前だが、初めて見るとやはり驚く。南国生まれのこの植物、奄美、沖縄では普通に咲くが本州辺りで開花するのはまれだとか。1605年、野国総菅《のぐにそうかん》が中国の福建省から琉球に持ち帰ったのが日本での波及の始まりとされ、奄美伝来もそれから間もなくであろうと考えられている。

アサガオに似たサツマイモの花
（2009.11.22 撮影）

　琉球を経由して伝わった薩摩や北部九州では琉球芋、唐芋《からいも》、薩摩や九州から広まった本州で薩摩芋と呼ぶのはその経路から。大島南部での主な呼び名ハンス、ハヌスィは、中国語「蕃藷」の訛りで、奄美北部での呼び名トンは「唐芋＝とうう」の訛り、甘藷《かんしょ》も中国名である。痩せ地でも育ち、手間要らず、一年を通して収穫できる。

　ほとんどの田畑をサトウキビ栽培に占められた薩摩藩圧制時代、奄美の人々は急峻な山肌を切り開き、主食になりえるサツマイモを植えたが、凶作の年は芋の水粥《がゆ》以下の食生活だったらしい。

　「もし甘藷が移植されなかったとしたら、島民の生活はもっと惨めなものになっていたに違いない。薩藩治下において過酷なる製糖を強いられ、属史の為に往々給米すら与えられなかった島民が、兎に角にも生存を全うできたのは天与の甘藷があったおかげである……（以下略）」（昇曙夢『大奄美史』から）

　戦後の食糧難の時代をも支えたであろう山畑は、各地の山中や名瀬周囲の傾斜地にもまだ名残がある。

・ヒルガオ科
・漢字表記／薩摩芋
・分布／本州以南

オオシマノジギク
海辺の秋景色

テレビの画面や雑誌から本土の見事な秋景色が目に飛び込んでくると、やはり、旅心をそそられてしまう。だが、もえるような紅葉の派手さは無いにしても、奄美の秋だって捨てたものじゃない。

山道ではヤマヒヨドリやススキが花を満開にしてお出迎え、小さな握り拳に似た蕾をいっぱい付けてツワブキは順番待ち、とても野生とは思えないサキシマフヨウの大輪の花も島中に溢れている。この風景こそがシマ（奄美）の秋だろう。

また、奄美でイショギク（磯菊）と呼ばれるオオシマノジギク（大島野路菊）の白い花が海辺で咲き乱れるのも奄美の秋。護岸工事などで自生地が減ったとはいえ、時には沿道を真っ白に埋め尽くす場所もあってとても趣深いのだが、この花の真の美しさは、荒磯に向かって岩場で咲く姿にある。切り立った崖一面を覆う白菊たちが潮風に揺らぐ風景は、秋風の肌寒さも手伝ってなんともうら寂しい。ノジギクは「野路に咲く菊」のはずなのに、この仲間はほとんどが西日本の海辺育ち。最初に見つかったのが、たまたま内陸だったので野路菊の名が付けられたらしい。オオシマノジギクはノジギクの変種で、「奄美大島産の野路菊」の意味ではあるが、屋久島にも分布している。

希少種のイソノギクやオキナワギクも今の時期に海岸の崖や岩場で咲き、こんな場所で生きる菊たちのいずれもが潮風や乾きに耐えうる肉厚の葉を持つ。

・キク科
・漢字表記／大島野路菊
・分布／屋久島、奄美諸島

崖に咲くオオシマノジギクの花
（2005.11.23 撮影）

シマコガネギク

減り続ける黄金色の菊

以前は、日本全土に分布するアキノキリンソウ（秋の麒麟草）と同じ扱いだったが、現在は、その変種で南西諸島固有種のシマコガネギク（島黄金菊）となっている。名前に付く「シマ」は、南西諸島の島々を指し、「島育ちの黄金色の菊」というところだろうか。

道端に咲くシマコガネギクの花
（2003.11.30 撮影）

大きな株は草丈70センチほどで、海岸近くや山道などの日当たりのいい草地でホソバワダンやツワブキの花に紛れてひっそりと咲く。特に珍しい植物ではないはずだが、護岸工事や道路整備などでどんどん姿を消してしまい、いつの間にか、そっくりの帰化植物セイタカアワダチソウ（背高泡立草）に棲みかを乗っ取られてしまった。戦後、全国の空き地や河川敷で爆発的な広がりをみせ、一時期は花粉症の原因と騒がれたセイタカアワダチソウの奄美への登場は、法面の吹き付けによると思われ、15年ほど前に大島南部の県道脇で気付いたのが始まりで年々増え続け、今ではかなり奥地の林道にも侵入している。虫媒花であるために花粉症犯人の濡れ衣は消えたが、根から特殊な化学物質を出して他の植物の生育を妨げるらしい。いつしか自らもそれに負ける定めなのだが、凄まじい繁殖力は空恐ろしいものがある。

削りっぱなしの古い法《のり》にはシマコガネギクが返り咲く。道路事情の良さを人一倍利用させてもらう立場ながら、本来の「島育ちたち」が戻らないような「美しすぎる法面」は、なにか寂しい。

・キク科
・漢字表記／島黄金菊
・分布／種子島以南（南西諸島固有）

タンキリマメ
コントラストで勝負

表情豊かなタンキリマメの果実
（2006.12.3 撮影）

輝く瞳のような黒い種、今にもしゃべりかけてきそうに開いた真っ赤な莢。どこがどうなっているのか、形が複雑で判断に時間のかかるこの愛嬌者はタンキリマメ。沿海地の林縁や原野の日当たりがいい草藪に生えるつる植物で、長さ3～6センチほどで丸みを帯びたひし形の葉は、3枚で1セット。厚みのあるしっかりとした形は、小型のクズ（葛）といったところだろうか。

夏から秋にかけて葉に隠れるように咲く小さな黄色い花よりも、やがて現れる1・5センチほどの果実の方が目立ち、未熟の淡い緑色から完熟するまでの移り変わる色彩が実に楽しい。産毛に包まれ、かすかなくびれを持つ莢は確かにかわいい豆である。完熟して左右に開いた莢の両縁には、種子が絶妙に1個ずつ付き、それぞれがなんとも言えない表情を醸し出している。種子を煎じて飲めば咳止めや、痰の切れが良くなると言われることからタンキリマメ（痰切豆）の名があるが、効き目のほどは疑問とか。

冬の野山は実の季節。大木のイイギリやクロガネモチ、ひっそりと森の中にたたずむセンリョウ、マンリョウたちは鮮やかな赤い実、瑠璃色の実をズラリと付けたルリミノキ、今年は豊作のオオムラサキシキブなど、目いっぱいの勝負色で鳥たちにアピールしている。そんな競争率の激しい中で、地味なタンキリマメの選んだ手段が赤と黒のコントラスト。思わずドキッとするような、自然の造作に今更ながら感動。

・マメ科
・漢字表記／痰切豆
・分布／本州（千葉県以西）以南

ハダカホオズキ
藪で輝く豆電球

自然の中の赤い色は、小さくても結構目を引く。林道脇の草藪からちらりとのぞいたこの赤い実が私を呼んだ。豪快に枝葉を広げて高さ1メートル弱、径7～8ミリの果実は熟度によって色が異なり、たくさんの豆電球をぶら下げたような姿がとてもユニーク。

色づき始めたハダカホオズキの実
（2011.12.4 撮影）

お盆の頃にお目見えするホオズキ（酸漿、鬼灯）の仲間で、果実を包む袋状の萼《がく》を持たないので「ハダカ（裸）」である。やや明るめの湿り気のあるところが好きらしく、伐採後や崖崩れの後などにいち早く現れ、夏から秋にかけて咲く黄白色の花が実に変わるのも早い。やがて落葉して茎が枯れだしても長い間、赤い実は鮮やかな色のままで残り、野鳥たちの訪れを待ち続ける。葉が丸みを帯びて分厚く、全体ががっちりした海岸タイプのものをマルバハダカホオズキ（丸葉裸酸漿）として分けるが、内陸にかけての変化が微妙で区別は難しいらしい。

この仲間で最も美しい実を付けるのは、長いまつげでつぶらな瞳のメジロホオズキ。その赤い実があまりに毒々しくて、さすがに口にしなかったけれど、黒い実のイヌホオズキの方はよく食べていた。この仲間はどれも多少の毒を持つらしい。

度重なった台風でいたるところに残る崩れ、待ってましたと言わんばかりに芽吹く植物たちがいる。再び周囲の木々が蘇り、光を遮ってしまうまでのつかの間「わが世の春」を謳歌《おうか》するのだ。

・ナス科
・漢字表記／裸酸漿・鬼灯
・分布／本州以南

ホソバワダン
野菜ならぬ海菜

岩場に咲くホソバワダンの花
（2009.12.5 撮影）

奄美での呼び名は、ニガナ、ニギャナ（本来のニガナは別の植物）。名前の通り苦味のある葉は、昔から食用、民間薬として島人たちに重宝されてきた植物なのだが、昭和中期生まれの私の年代にはウサギの餌としての印象が強く、学校の餌当番の時にいざ探すとなると、なかなか見つからず、代わりにキャベツの葉を持っていった思い出がある。

関東、東海地方の海岸に自生するワダンの名は、古い時代に食用にされたことから「海岸に生える野菜」を意味する「海菜《わたな》」が訛ったといわれ、「海《わた》」は「海《うみ》」の古語らしい。そのワダンよりも葉が細い本種はホソバワダン（細葉海菜）で、奄美では海岸端から山頂にいたるまで、どんな所にも生えている。波しぶきをまともにかぶるような場所で生きる植物たちの多くは、肉厚の葉と丈夫な根を持ち、嵐に強く、潮枯れを起こすこともない。台風の後に、せっかくのいい株がダメになっただろうと思ったら、何事もなかったように平然と元の場所で咲いていた。

野山に冬枯れが訪れる頃には、キク科植物たちの出番である。山道や人里ではヤマヒヨドリやツワブキ、コヨメナが咲き乱れ、海辺にはオオシマノジギクにイソノギク、オキナワギクの姿も。

あまりにもありふれて、意識すらしないホソバワダンではあるが、海岸の岩場や岬の草地に広がる黄色の花畑は、奄美の秋冬の心和む一風景とも言える。

・キク科
・漢字表記／細葉海菜
・分布／本州（島根県、山口県）以南

リュウキュウルリミノキ
美しい実は森の宝石

リュウキュウルリミノキの花と果実
（2003.12.7 撮影）

しなる細い枝に規則正しく対生する葉、その付け根ごとに集まって咲く花が、薄暗い森の中で一瞬雪のように見えた。びっしりと産毛で覆われた厚みのある花は、径5～6ミリと小さいけれど実の付きは確実らしく、これが自然の色かと思える果実の塊があちらこちらに。単に「青」でもいいのだろうが、ひっそりとした冬の樹林でこんな衝撃的な色に会えたら､やはり「瑠璃《るり》」と表現したくなるだろう。名は、琉球列島に自生する瑠璃色の実のなる木という意味で、琉球列島の植物調査の草分けと称される田代安定を記念したタシロルリミノキ（田代瑠璃実の木）の名もある。

龍郷町奄美自然観察の森では群落が見られるなど、奄美に自生する5種類のルリミノキの仲間では最も一般的な種。本種とよく似ているが、茎や葉の裏に細かい毛の多いケハダルリミノキ（毛肌瑠璃実の木）、全体がずんぐりむっくりで葉に丸みのあるマルバルリミノキ（丸葉瑠璃実の木）も、同じようなスタイルで白い花と瑠璃色の実を付ける。生育地が限られるタイワンルリミノキ（台湾瑠璃実の木）とオオバルリミノキ（大葉瑠璃実の木）は別として、他の3種は金作原原生林の観光ルートで確実に会うことができるだろう。

北風が吹き始め、木の実が色づき、山路散策絶好の季節到来。林道が網羅する奄美の山々、ぜひ、自分の目で森の宝石を探しに出かけてみては？

・アカネ科
・漢字表記／琉球瑠璃実の木
・分布／種子島、屋久島以南

ヘツカリンドウ
用心棒を雇った花

おそらく誰もいないはずの山道なのに、なにか視線を感じるのはこの花びらのせい？　つぶらな瞳のような緑の斑点には、いつもアリが群がっている。「もしや」と思ってなめてみたら甘かった。植物は、虫たちを花粉に誘うために蜜を用意するものだが、この斑点は雄しべや雌しべから離れ過ぎ、それに、こんな大きな植物の花粉運びはアリには荷が重いだろう。幅広の厚ぼったい葉や茎は、よほど味が良いとみえてどの株も虫食いだらけ。大事な花を外敵から守るために用心棒を雇う植物があるらしいが、本種もそうなのか。「甘～い蜜」は用心棒であるアリたちへの報酬なのか、利用するための巧みな策略なのだろう。

不思議な模様のヘツカリンドウの花
（2008.12.8 撮影）

和名は、初めに大隅半島の辺塚で発見されたリンドウの仲間なのでヘツカリンドウなのだが、本土に分布するアケボノソウ（曙草）に似るので別名リュウキュウアケボノソウ（琉球曙草）とも。アケボノソウの名は、花びらに散らばる紫の斑点が、ほのぼのと明けゆく空の色を思わせることから。海岸近くから山頂部のいたる所で見られるが、場所によって株の大きさや花色に変化が多く、写真の花色の他にも黒紫色や紫のぼかし、緑色の花もある。

大きな株だと放射状に広げた葉の長さが30センチを超え、土手や法面にヒトデのようにベタベタと張り付く様子が印象的で見つけやすい。花期が近づくと高さ20～80センチほどの真っすぐな花茎をニョキニョキと立ち上げてくる。

・リンドウ科
・漢字表記／辺塚竜胆
・分布／大隅半島・種子島・屋久島以南

サイヨウシャジン
立ち姿は柳腰美人

釣り鐘のようなサイヨウシャジンの花
（2011.12.11 撮影）

「細腰」は、花の美しさを柳腰の美人に例えたものとか。確かに、品のいい色形の花を付けてしなやかに秋風に揺れる様には、どことない色気が漂う。茎の上部にいくに従って葉が細くなることからの「細葉」説も。

シャジン（沙参）は、朝鮮人参の代用にされたツリガネニンジン（釣鐘人参）の漢名で、本種がそれによく似ているから。道端や原野などの日当たりのいい草むらに普通に生え、花の盛りは秋ではあるが、この島では一年中ちらほらと咲いている。最初に出る根生葉は、がっちりしたツボクサか小さなツワブキの葉に似た丸い形。伸びた茎には全く違う形の葉を付けて高さ40～100センチほどになるが、頻繁に刈られる場所では10センチ足らずの株でもしっかりとした花を付けている。

『琉球植物誌』では、奄美産のものは全てサイヨウシャジンとして分類されているが、ツリガネニンジンとの区別点である「筒状の花先がすぼまる」、「花柱（雌しべ）が花先から長く突き出る」、「萼に鋸歯が無く反り返らない」のどちらにも当てはまらないタイプが多すぎるので、ナンゴクシャジン（リュウキュウシャジン）やシマシャジンとして区別する学者もいる。

今は、外見だけではなく科学的な分類をするので、知らないうちに名前が変わっていることがたびたび。

さて、奄美大島の柳腰美人はどんな名前に落ち着くのやら。

・キキョウ科
・漢字表記／細葉・細腰沙参
・分布／本州（中国地方）以南

カカツガユ
本来は有用植物

ミカンに似た？ カカツガユの実
（2003.12.14 撮影）

こんなおいしそうな実を見つけたら、ついつい手を出してしまうのは人の性《さが》。ところが、ちぎってみると形が微妙にいびつで表面にカビが生えたような感じなので、そのまま食べるには少し抵抗もあったが、思い切って口の中へ。口当たりはやや固めでかすかに甘みがある。この味を柿に例える人もいるけれど、ちょっと期待はずれ。

主に沿海地に生えるつる植物で、大きな株は幹の径10センチ以上、長さ15メートル以上にもなる。枝にある鉤《かぎ》状のとげで樹木や崖に絡まりながら豪快によじ上る姿は、たけだけしい感じさえある。雌雄の株が別で、実がなるのは雌株、ヤマミカン（山蜜柑）の方言名が各所にあるのは、見た目からだろう。

古くから、材は染料、樹皮は紙の原料、根は薬として利用されたらしいが、名前も当てられた漢字も意味不明。1709年に刊行された貝原益軒《かいばらえきけん》の著書『大和本草《やまとほんぞう》』に「和活ケ油（クハクハツガユ）」として説明しているのは、著者の出身地、福岡県辺りにこの方言があったからだろう（『朝日百科　世界の植物』から）とのこと。

伸び方が雑で乱暴、厄介なとげまである木をわざわざ植えたとは思えないけれど、畑の防風林などにも紛れているのは、この島でも利用されたからだろうか。

こんなおいしそうなものを見逃すはずのないのに食べた記憶がないのは、育った所が山奥だったからだろう。

・クワ科
・漢字表記／和活が油
・分布／近畿以南

岩場に咲くイソフサギの花
（2003.12.14 撮影）

イソフサギ
磯にこぼれた金平糖

荒々しい岩の連なりが「賽《さい》の河原」を連想させ、踏み出す気持ちがひるんでしまいそうな海岸線。一見、不毛に見えるこんな岩場にも花は咲いている。本種は、夏の終わりごろから咲き始めるスターチスの仲間イソマツ（磯松）と共に最も海のそばで咲く。

潮水をまともにかぶるような波打ち際の岩の裂け目に根付き、張り付くように茎を四方に広げていく。米粒大の葉がびっしりと岩を覆う様からこの名があり、方言名もイショクサギ（磯塞ぎ）、また、カサカサした花の感じがお盆のときに墓に供えるヒユ科のセンニチコウに似ているからか、金平糖《こんぺいとう》のような蕾や果実の形からなのかボウズバナ（坊主花）とも。まれに黄色の花のキバナイソフサギもあるが紅色が一般的。花びらはなく、花びらのように見えるのは萼《がく》で花一輪の径は3～5ミリほど。数個の花が一塊になって、次々に咲いていく。

生えている場所が満潮時の際とほぼ重なっているのは、種子を運ぶにも生きていくのにも海水が必要なのだろう。茎葉が肉厚なのは、潮水や強い日差し、乾きに耐えるためで、塩害で野山の植物が痛めつけられたときでもイソフサギの葉は生き生きとしている。地べたに張り付いて生きる植物たちは、競争相手が多い場所で生きるのは難しい。太陽を独り占めして自分なりの花を咲かせるために「賽の河原」にたどり着いたのだ。

・ヒユ科
・漢字表記／磯塞ぎ
・分布／和歌山県、九州南部以南

クロガネモチ
縁起のいい名前

「この〜木なんの木、気になる木〜……」

赤い実をいっぱい携え、悠々と枝を広げる大樹のたたずまいに惚れ惚れ。高さ10メートル以上、どっしりと構えた姿が、とにかくかっこ良くて、思わず、あのテレビ番組のCMソングを口ずさんでしまった。

色鮮やかなクロガネモチの実
(2008.12.21 撮影)

「色男、金と力はなかりけり」が世の常だろうが、見かけが良くて「金持ち」とくれば世間がほっとくわけがなく、実の美しさと名前の縁起良さから庭木や街路樹に引っ張りだこ。子供の頃、長い棒の先に「ヤマムチ」付けて、メジロやヒヨドリを追っかけまわした記憶のあるおじさん達には懐かしい、あの天然接着剤のトリモチ(鳥黐)の材料モチノキ(黐の木)の仲間で、本種は若い枝や乾いた葉が黒色を帯びることからクロガネモチ(黒鉄黐)、方言名のローソクギは白くてスベスベした木肌からだろうか。

新築した家のシンボルツリーにと、美しい実がなることを期待して、結構な費用をかけてこの木を購入した友人夫婦。毎年、たくさんの花は咲けども実はならず、落ちた花がごみの山を作るだけ。とうとう10年目には切り倒してしまった。数年後、クロガネモチのおわびなのか、枯れた切り株に木耳《きくらげ》が生え、高くついたこの贈り物を複雑な気持ちで食べたそうな。残念ながら、これは実の付かない雄株だったのだ。庭木や街路樹用の木は必ず実がなる雌木を接ぎ木するらしいが、失敗もありそうなので、ご購入の際はくれぐれもご確認を。

・モチノキ科
・漢字表記/黒鉄黐
・分布/関東地方以西

魅惑的な色のヒヨドリジョウゴの実
（2003.12.30 撮影）

ヒヨドリジョウゴ どんな酔っぱらい？

笑い上戸《じょうご》に泣き上戸、しゃべり上戸と言いたくなるタイプもいる。どちらも長い時間のお付き合いはちょっと遠慮したい酔っぱらいのこと。

ところで、「ヒヨドリジョウゴ」って、どんなタイプ？それは酔っぱらいではなくて、植物の名前なのです。酒の強い人を「上戸」と言うので、酔って赤くなった顔を果実の色に重ね、それを鵯（ヒヨドリ）が好んで食べることからヒヨドリジョウゴ（鵯上戸）なのだが、食べているのはヒヨドリだけではないらしい。未熟の実を見つけておき、赤く熟した頃を見計らって撮影に出かけたらすでに跡形もなし、野鳥たちは食べごろを実によく知っている。がっかりもするが、「野山の実は、どうせ君たちのものさ」と自分に言い聞かせ、また来年までお預け。冬は実の季節、子孫繁栄を野鳥に託す植物たちは、運び手の好みそうな色で装う。黄色や紫、黒に瑠璃色、圧倒的に多いのは赤い実だが、それぞれの色は鳥の目にはどう映ってるのだろうか。少なくとも人間様にはどれも魅力的で、つい手を出したくなる気持ちもよく分かるが、ご用心、ヒヨドリジョウゴの赤い実には毒があるらしい。卑しく何でも食べる鵯には毒も問題ないということか。

本種をよく見かけるのは、海岸近くの林の中。つる状の茎は他の草木に絡まって伸び、産毛で覆われた葉の形に変化が多いのも特徴の一つ。本土では白花が普通のようだが、奄美大島ではほとんどが紫。

・ナス科
・漢字表記／鵯上戸
・分布／日本全土

サザンカ
出会いは一期一会

丸い小さな蕾の中でどれだけ縮こまっていたのだろうか、薄い紙をクシャクシャにしたような花びらは形も様々。秋の花たちが盛りを過ぎて色あせ、店じまいを始める頃、尾根筋や渓流沿いでひっそりと咲き始めるのが本種。古くから庭木として親しまれ、多くの園芸品種ができてはいるが、全国でも野生の花に会える地域は少ないらしい。

「山茶花」は本来、中国でツバキ（椿）を指し、サンサカと読むらしい。かなり昔から栽培されていた同じ仲間の「チャ（茶）」に対して野生の「山茶」の意味である。日本では江戸時代の園芸書などの中で、同じ仲間のサザンカに「山茶花」や「茶山花」の字が当てられ、読み方が訛っていったとか。それより以前は、一部の自生地で材の硬いツバキが「カタシ」、それよりも実の小さなサザンカは「ヒメカタシ」「コカタシ」と呼ばれたらしく、奄美にもツバキが「カタシ」、サザンカは「ヤマカタシ」の呼び名がある。花が無ければ見分けにくい両者だが、サザンカは葉が小さくて若い枝が細かい毛に覆われているのが決め手の一つ。

どこにでもある木だが、いびつな花が多いので蕾があるのを確かめていても、形のいい花との出会いは一期一会、開いて見なけりゃ分からない。

風情ある枝ぶりの木が多い渓流で、撮影に夢中になって足を滑らせ、カメラをかばってびしょぬれになったことも、それでも思い通りの写真が撮れたら満足、満足。

縮れた花びらのサザンカの花
（2017.12.31 撮影）

・ツバキ科
・漢字表記／山茶花
・分布／山口、四国南西部、九州中南部以南

ツルコウジ
きみの身分は一両

花の少ない冬の森でこんなきれいな実に会えたら、とても幸せな気分になるだろう。産毛で覆われた細い茎はつるのように地を這っているが、縁起のいい木、マンリョウ（万両）の仲間。春に、3～5枚ずつ段になった葉の下に隠れるように径1センチほどの白い花を咲かせるのだが、目を引く果実に比べるとあまりにも小さくて密やか。湿り気のある薄暗い林床を好むので、少し深い森に踏み込めばびっしりと群生する風景も珍しくはなく、奄美の樹林が生み出す腐葉土の豊かさを実感させてくれる植物のひとつかもしれない。

マンリョウに似たツルコウジの実
（2004.1.5 撮影）

科は異なるがセンリョウ（千両）やアリドウシ（蟻通し）も同じ時期に赤い実を付けるため、鮮やかな実の色と名前の良さで、「千両、万両、有り通し」と商売繁盛の縁起を担ぎ、共に正月に飾られる。

千両や万両があれば、もちろん百両、十両だってある。実の数や大きさ、美しさでランク付けした別名らしく、百両がカラタチバナ（唐橘）、十両がヤブコウジ（藪柑子）、アリドウシとツルコウジは一両の身分だそうだ。

江戸の頃、赤い実を付けたヤブコウジの盆栽仕立てを、当事は珍しかったタチバナ（橘）＝日本原産で唯一の柑橘類やコウジ（柑子）ミカンに見立てたのだとか。

この島では、景気のいい語呂合わせ通りの植物はそろわないにしても、ちょっと山に入っただけでも奄美版千両役者たちが勢ぞろいしている。

・サクラソウ科
・漢字表記／蔓柑子
・分布／本州（千葉県以西）以南

ビロードボタンヅル
品のいいおちゃめさん

人里から少し山道に入るだけで、驚くほど簡単に原始の森を味わえる奄美。わずかでも時間をつくり、熱いコーヒーを携えて、「カフェ・in金作原」などと気取りながら草花に向き合う日々、至福の時である。

ふと、足を止めたくなる谷あいの流れの近くで、木に絡みついてぶら下がるこんな小さな花を見つけることも。常緑のつる性木本で、ボタン（牡丹）に似た3枚葉や、長さ1・5センチほどのかわいい釣り鐘のような花が細かい毛で覆われる様子を、名付け親はビロードの布に例えた。葉の表面にそっと触れてみて感動、そして納得。この仲間の花には花びらはなく、それに見えるのは4枚の萼《がく》。奄美で見られる仲間で、春に咲くヤンバルセンニンソウ、夏咲きのセンニンソウとリュウキュウボタンヅル、秋に咲くコバノボタンヅルとヤエヤマセンニンソウの花はいずれも全開するが、本種だけは釣り鐘型。花びらのように見える萼の先が古風に反り返る姿に派手さはないが、品のいいおちゃめさんたちといったところだろうか。

花の季節は短くて、萼が散り、果実が熟すと綿毛付きの種子はタンポポ状になって風に乗る準備を始める。深山系の花ではあるが、内陸部の道端などに群生することもあり、他の樹木を覆うこの綿毛の群れは花の時期よりもよく目立つ。

ちょうど正月の頃に咲き始めるこの花を巡ることから、私の新しい花暦《はなごよみ》は始まる。

・キンポウゲ科
・漢字表記／天鵞絨牡丹蔓
・分布／南九州以南

産毛で覆われたビロードボタンヅルの花
（2008.1.6 撮影）

サツマサンキライ
寒の中に春の兆し

「進入禁止」の有刺鉄線のようなつる植物。林の中で縦横無尽に伸び広がるとげ付きのつるからは猿も逃げられないということで、この仲間にはサルトリイバラ（猿捕茨）の名があり、サンキライ（山帰来）は別名らしい。中国産のトゲナシサルトリイバラ＝山奇粮《さんきろう》を読み間違えたものとか、不治の病人を山に捨てる風習のあった昔、空腹で偶然食べた植物の根で病気が治り、山から帰って来たという伝説から、その根が山帰来《さんきらい》と呼ばれるものも中国産の植物。日本のものはこれらとは違う種類だが混同されてサンキライの名が付き、薩摩地方に多い本種はサツマサンキライ。

手毬のようなサツマサンキライの花
（2013.1.7 撮影）

海岸近くから奥山のいたる所に生え、とげだらけの長いつるが這い回る林の中は人間が歩くのも大変。ゴワゴワした小判型の広い葉は3月節句にサネン（クマタケラン、ゲットウ）の葉と共にヨモギ団子を包んでサンキラ餅となる。

奄美に分布するこの仲間には、葉が薄くて先の尖ったカラスキバサンキライと笹の葉に似た細い葉のササバサンキライ、とげがほとんどないハマサルトリイバラがあり、いずれの果実も黒熟、奄美大島固有のアマミヒメカカラと沖永良部以南に分布するオキナワサルトリイバラは赤熟する。

気持ちまでも縮こまってしまいそうな寒さの中で、小さな手毬のように咲きほころぶ花たちに、確かに季節は春へと動いているのだと実感させられる。

・シオデ科
・漢字表記／薩摩山帰来
・分布／九州南部以南

ホトケノザ
早春に咲く知恵者

ひょうきんな表情のホトケノザの花
（2013.1.7 撮影）

春の七草に登場するホトケノザはキク科のコオニタビラコ（小鬼田平子）のことで、正式に和名（日本名）でホトケノザと呼ぶのは本種。ぐるりと茎を取り巻く半円状の葉を仏様が座るハス座に見立てホトケノザ（仏の座）。その間からひょうきんな動物が首を伸ばしているようにも見える花が仏様というわけである。葉が段々に付くことからサンガイグサ（三階草）の別名も。

本土では畑や道端に一面の花畑が見られるそうだが、奄美大島では公園の芝や畑の堆肥に紛れて繁殖したと思われるものが時折見られるだけ。数年で姿を消してしまうところをみれば、あまりこの土地にはなじまないのかもしれない。

草丈10〜30センチで表情豊かなかわいい花だが、意外にしたたかな知恵者である。下唇を突き出したような花びらの模様と色が虫たちを奥の蜜へと誘う印で、ここに止まってのぞき込んだ虫の頭の上には雄しべの花粉が待ち構えている。昆虫の少ない寒い時期に咲くこの植物は、彼らが訪れなかった場合に自らの花だけで子孫を残せる術、「自花受粉」を編み出した。濃い紫の小さな蕾は、咲かないまま果実ができる「閉鎖花」で、無駄な力を使って虫たちに媚びる必要がないらしい。

花を楽しみに何日も通い続けたが、ついに一輪も見られず、蕾のすべてが閉鎖花だったと知ったのは、すでに花の時期が終わった後だった。

・シソ科
・漢字表記／仏の座
・分布／本州以南

リュウキュウウマノスズクサ
花のつくりが巧妙

一見、動きを止めてしまったような冬の野山で、新たな季節の到来をいち早く知らせてくれる花の一つ。海岸近くから山頂部まで、林縁のいたる所に生えるつる植物で、他の樹木に巻き付いて伸び上がったり近くの草木に絡んで広がっている。細いつるからぶら下がる長さ5センチ前後のラッパ形の花が、まるで童《わらべ》たちがじゃれ合っている姿に見えてとても面白い。

ラッパ型のリュウキュウウマノスズクサの花
(2008.1.15 撮影)

花びらはなく、花のように見えるのは先が広がった筒状の萼《がく》で、巧妙に曲がった筒の奥に雌雄の蕊《しべ》があり、独特の香りで誘い入れた虫が簡単には出られないつくり。どんな虫が囚われているのか気になって、花筒を開いてみたら気の毒な小さなハエが入っていた。

本土や奄美大島北部の一部に見られるウマノスズクサ(馬の鈴草)の名は、熟した果実が裂けて吊り下がる姿が、馬の首に付ける鈴に似ることから。それよりも葉も大きくて、果実の形も異なる本種はリュウキュウウマノスズクサで琉球列島固有種となり、八重山諸島にはコウシュンウマノスズクサが分布している。この仲間はジャコウアゲハやベニモンアゲハの食草で、蕾はその蛹《さなぎ》に似ているらしい。花の後ろ姿が人間の赤ん坊のようにも見え、小さい背中に哀愁を感じたりもする。

危機感ばかりがあふれる昨今、生まれた時から不安を背負う世であってはいけないのだが、様々な物を連想させるラッパ型の花、あなたには何に見えるだろうか。

・分布/奄美大島以南の琉球列島固有
・漢字表記/琉球馬の鈴草
・ウマノスズクサ科

キンチョウ
花はなくても子は育つ

珊瑚の石垣やアスファルトのすき間、道端の吹きだまりで見かける全身豹柄のこの植物はマダガスカル島出身の舶来物。最初は園芸用に導入されたもので暖かい沖縄を中心に関東辺りまで野生域が北上中とか。私の職場の周囲にもびっしり生えていて、一度も花を見たことがないのに、ウジャウジャ子供は増えていく。その原因は棒状の葉先にできた小さな芽（不定芽）が落ちて根付いたものだった。米粒のような子芽は無数、30年近く抜き続けるも、いまだに芽吹いてくる。

海辺に咲くキンチョウの花
（2010.1.18 撮影）

花を見たい気持ちと、この島を占領してしまわれそうな不気味な増殖力が気になって島中を探してみたが、意外に自然の植物群に紛れていたのは数カ所のみ。民家近くがほとんどで、傑作だったのはコンクリート家屋の屋根で花が咲いていたこと。一年程度では花を付けないらしく花に出会うチャンスはまれ。よそ者とはいえ、1メートル近く直立した茎にシャンデリアのように咲く花を初めてみたときは感動ものだった。キンチョウ（錦蝶）の名は、黒紫色の斑模様と葉先に群がる蝶のような子芽の様子からだろうか。日当たりがいい場所では一段と模様が際立ち、その個性を利用した園芸品種も出回っている。

写真は、大島北部の風光明美な海岸線、天然の海浜植物に紛れていたのはわずかだったが、すぐ隣には帰化植物の天国、モクマオウ林が広がっている。

安易なごみ捨てが、こんな天国を作ることを忘れないで。

・ベンケイソウ科
・漢字表記／錦蝶
・分布／日本での分布は不明

サクラツツジ
肌に合わない庭暮らし

満開のサクラツツジの花
（2007.1.28 撮影）

田中一村が描いた花、はかなく静かながら、かなりの存在感で絵の中に咲く。誰もが好きで見慣れていたはずの花の良さを存分に引き出したのは、外から来た人だったのが悔しい気もする。決して長く厳しいわけではないこの島の冬でも、寒さに縮こまったような山の木々の中にこの花を見つけて心躍らせたのは彼も同じだろうか。気の早いものは正月前から咲き始め、本番はこれから。高さ1～4メートル、淡く優しい花の色をサクラ（桜）に例えたものだが、緋寒桜の強引な色ではなく本土に多いソメイヨシノなどの淡い色。場所や株ごとに微妙に変化する桜色は、とてもバリエーション豊富でまれに純白も。

奄美、沖縄での方言名ヤマザクラ（山桜）は、共に咲くツツジの仲間、タイワンヤマツツジ（台湾山躑躅）やケラマツツジ（慶良間躑躅）の鮮やかな紅色と比較したものなのか、本土に溢れ咲く淡い色のサクラへのあこがれからか。

花の美しさはもちろん、幹が複雑にねじれて趣きのある古木は床柱として重宝され庭木としても植えられたため、今はかなり深い山に行かなければ大株には出会えない。他の樹木が生えないような崩れた後や岩だらけの痩せた法面など、日当たりのいい場所ならいたる所に生えて花を咲かせる割に、庭に植えると花付きが悪くなり、そのうち枯れてしまうらしい。

山育ちの魅力発揮は山の中にあってこそということだろう。

・ツツジ科
・漢字表記／桜躑躅
・分布／四国（高知県）、九州（佐賀、鹿児島県）以南

オガタマノキ
霊力のある気高い木

大木ともなると高さ20メートル、幹の直径が1メートル以上にもなり、樹齢数百年といわれ、龍郷町や瀬戸内町に存在する堂々たる大木はそれに匹敵するだろう。床柱や家具材としても貴重で、花や葉、樹皮に香りがあるためダイシコウ（大師香）の別名も。

モクレンに似たオガタマノキの花
（2010.2.7 撮影）

常緑で葉に艶があり、気高い香りをもつためなのか、古くからこの木には霊力があると信じられ神事に用いられた。神霊を招《お》くための木「招霊《おきたま》の木」が訛ってオガタマノキとか。住用町にはジャフンやシロモモの方言名がある。径3センチほどの花は、同じ形の花びらと萼《がく》が普通は6枚ずつ。付け根の紅紫が印象的で､近くで見るとモクレン（木蓮）の仲間であることに納得。

奄美大島ではそれほど深くない山中に点在するが、数は多くなくて、なかなか理想的な開花株には会えない。より近づくのが花の撮影の基本だが、大木に咲く花を間近で撮影できるチャンスなんてめったにあるものではなく、手の届かない満開の木を前に指をくわえ、悔しい思いのまま何年も過ぎてしまった。花が咲いていなければ、これといった特徴もないので見過ごしてしまいがちな木も満開になれば山の中ではかなり目立ち、今なら一目瞭然。

奄美の早い春の実感は緋寒桜の開花にあるのは当然だが、桜の名所「奄美自然観察の森」では、らんまんの桜の陰で「吾もまた花なり」なんて言いたげに咲いていているこんな花もある。

・モクレン科
・漢字表記／招霊の木
・分布／本州（関東以西の太平洋側）以南

鐙に似たムサシアブミの花
（2007.2.10 撮影）

ムサシアブミ
どっしりとした存在感

万歳をするように広がる豪快な葉の幅30センチ以上、その間から拳状の花が突き出る。表から見える部分は葉が複雑に変化した苞葉《ほうよう》と呼ばれるもので、その形を仏像の光背に見立て「仏炎苞《ぶつえんほう》」、実際の花は中に隠れている。

サトイモ科テンナンショウ属は、花はもちろん、葉の形も一般的な植物のイメージとはかなり異質で、残念ながら奄美では見ることができないウラシマソウ（浦島草）やユキモチソウ（雪餅草）、マムシグサ（蝮草）などのユニークな名前も、個性的な「仏炎苞」の色、形からくる。奄美代表、トクノシマテンナンショウ（徳之島天南星）の花は、マムシグサの上をいく「ハブの鎌首」のよう。もう一つの代表、アマミテンナンショウ（奄美天南星）は薄暗い森の中で鶴が羽を広げているような美しい姿をしている。

ムサシアブミ（武蔵鐙）の名は、花の形が、昔、武蔵の国で作られた馬具の鐙《あぶみ》に似ることからで、花を逆さにしてみると、なるほど。湿り気のある林縁や草薮など、それこそマムシのいそうな場所に好んで生え、ありふれてはいるがどっしりとした存在感のある植物である。

この仲間は、地中にある芋が小さいうちは雄株で、大きく育つと雌株に変わるのだとか。

実を付け、子孫を生みださなければならない雌はエネルギーが要る。たっぷり栄養を蓄え、どっしり構えないとがんばれないのは、植物も人間の母も同じなのだろう。

・サトイモ科
・漢字表記／武蔵鐙
・分布／本州（関東以西）以南

オオイヌノフグリ
地主を追い出した？

少々、品の悪い話になってしまうが、ウシンフグリやインヌフグリはサネカズラとノボタンの奄美の方言名だが、本種のこの名は、れっきとした和名（日本名）である。「よくもこんなふざけた名前を」と思うだろうが、実物を見たら笑い出すやら感心するやら。

宝石のようなオオイヌノフグリの花
（2009.2.15 撮影）

明治の頃、東京をはじめ日本全土に広がったヨーロッパ・アフリカ原産の帰化植物で、在来種のイヌノフグリよりも花が大きいのでオオイヌノフグリ。イヌノフグリの名は、果実を犬の陰嚢《いんのう》に見立てたもの。名瀬近郊の畑地でもかなりの繁殖が見られる。晴れた日中に咲き、昆虫の訪れを待つが、用心深いこの植物は非常事態に備えて自分の花だけでも受粉できるようで、花が閉じるにつれて雄しべが雌しべに寄り添っていく。帰化植物で迷惑雑草ではあるが、1センチほどの瑠璃色のこの花の別名は「星の瞳」、一面に咲く様子を「まるで宝石箱をひっくり返したようだ」と表現する人も。

本種よりも強い繁殖力を持つのが、ヨーロッパ原産のタチイヌノフグリ（立ち犬の陰嚢）で、庭や田畑はもちろん、舗装道路のわずかな土だまりなどにも群生し、紫色の花は虫眼鏡が必要なほど小さいが結構きれいで、果実はしっかりと例の形なのだ。

地主であるはずのイヌノフグリはこれらの帰化植物に押しやられ、全国的に希少種になったようで、奄美でも息づいているはずなのに、まだ会えずにいる。

・オオバコ科
・漢字表記／大犬の陰嚢
・分布／日本全土

リュウキュウコザクラ シンプルに美しく

今年も無事に咲いたのか、確かめたくていつもの場所へ。径4～5ミリほどの花はとてもシンプルだが、なぜか引き付けられる。沿海地の空き地や公園などに多い植物で高さ5～15センチほど、小さな丸い葉を地べたに張り付けるように広げて厳しい冬を越し、早春に花茎を立ち上げて花を咲かせる。葉が毛むくじゃらなので、最初はモウセンゴケに間違えられたとか。種子を風が運ぶのか、人が連れて来たのか、時にはかなり奥地の公園や人家の庭に現れることも。空き地や公園などで日当たりなどの条件のいい場所では大きな群落を作ることがあり、春一番が吹く頃に咲き始めた花は今が満開。糸のように細い花茎がしなやかに風に揺れると、一面の花畑がまるで霞《かすみ》がたなびくような風情を醸し出す。

空き地に咲くリュウキュウコザクラの花
（2003.2.22 撮影）

「琉球」の名は付くも、分布は本州から東南アジアとかなりの広範囲に及び、奄美でも数の多い植物ではあるが、鹿児島県の準絶滅危惧種。か細すぎて踏みつけられても仕方がないけれど、公園などの芝に紛れて咲いているこの花に気付き、ほほえむ人もきっといるだろう。

小さな花ほど出会いの喜びは格別で、大野隼夫氏の著書『奄美の四季と植物考』に載るこの花を知ってから数年目、やっと探し当てたときの感激がどれほどのものだったか、お分かり頂けるだろうか。

気に留めなければただの雑草、向き合えば自分サイズの幸せが手に入る。

・サクラソウ科
・漢字表記／琉球小桜
・分布／本州西部、九州、琉球各島、東南アジア

ハマサルトリイバラ もえるような芽吹き

ガラス細工のようなハマサルトリイバラの花
（2008.2.22 撮影）

「サンキラ」の呼び名でおなじみのサツマサンキライやカラスキバサンキライの仲間。花期が違うとは言え、どれも姿がそっくりなので見分けは難しいが、芽吹きの頃になると圧倒的な存在感を発揮するのが本種。海岸近くの崖や木の枝に絡み、ぶら下がったつるのもえるような赤い葉の色は遠くからでも目に付く。芽吹きと共に咲く繊細なガラス細工のような花には雌雄があり、株も別々。雌花の中心には最初から緑色の果実らしきものがあり、写真の雄花は雄しべが目立つので花をしっかり見れば一目瞭然《りょうぜん》。

サルトリイバラ（猿捕茨）の名は、つる状の茎がとげだらけで絡まったら猿でも抜け出せないことからで、本種は海岸近くに多いので「浜」が付く。クリスマスのリース材や生け花用として売られている赤い実のつるは本土産で、奄美大島で見られる本種はとげなしで、実は地味な黒紫色。

春の芽吹きの風景を一般的には新緑と言うのだろうが、タブノキやイジュ、モッコクをはじめ、赤味がかった新芽の多い奄美の山々は決して「緑」の一言では言い表せず、冬の眠りの色から一気に目覚めた、明るく豊かな色の山を土地の人はハーヤマ（赤い山）と呼ぶ。

夏日のように汗ばむ日があったかと思うと、翌日は真冬並み。なかなか定まらない日和に木々も戸惑っているのか、今年の芽吹きにはいまひとつメリハリがないように思える。物足りなさもあるが、何はともあれ、今は、この新しい息吹の中に浸れることに感謝。

・シオデ科
・漢字表記／浜猿捕茨
・分布／南九州以南

シマウリカエデ 木肌に瓜模様

花も緑のシマウリカエデ
（2009.2.22 撮影）

山が萌《も》え出した。この季節がくると古い峠道を越えたくなる。黒々とした冬色の山に、いち早く現れる若草色が本種の目印で、眠っていた落葉樹の枝に沸々と吹き出る芽の展開は、葉の速さより花が先。

ふんわりと下がる小花の房は、まるで緑の花かんざしだが、葉と花が同じ色では咲いていてもあまり目立たない。カエデの名は、葉の形が水かきのあるカエルの手に似ているので「蛙手」が訛ったものとか。普通に見る本種の葉にそのイメージはなく、幼木にかすかに「蛙手」を思わせる形の葉が見られるだけだが、葉が茂り、すっかり樹冠が出来上がる頃にはカエデの証しであるブーメラン型の果実が完成。

成長するに従って緑色だった木肌に灰色の縞《しま》模様が現れるので、これを瓜の模様に例えてウリカエデで、ウリハダカエデ（瓜肌楓）とも。名に付く「シマ」は、縞でも奄美大島でもなく、台湾系であるという意味らしい。私たちの周りにはありふれた木だが、日本国内では、奄美と徳之島だけで見ることのできる貴重な存在である。

時にはのんびり峠道を歩いてみたら、いろんな出会いがあるだろう。新芽が赤いモッコク（木斛）やタブノキ（椨の木）、イジュ、細い枝から玉すだれの如く下がるナンバンキブシ（南蛮木五倍子）の花、葉の真ん中に小さな花を載せたリュウキュウハナイカダ（琉球花筏）など、植物の思わぬ姿に会えるのも歩いてみればこそ。

・ムクロジ科
・漢字表記／島瓜楓
・分布／奄美大島、徳之島、台湾

ヒメハギ
小さいながらも華麗に

山野の道端にリュウキュウコスミレ（琉球小菫）やアカボシタツナミソウ（赤星立波草）が花畑を作っている。それらに紛れて本種も咲いているだろうに、あまりにか細いので分かりにくい。だが、邪魔者がない場所だと花色も際立ち、枯れ草を枕に伸び伸びと気持ちよさげに咲いていた。

羽ばたく鳥のようなヒメハギの花
（2009.2.22 撮影）

細いけれど、とても丈夫な茎は地を這うように広がり、草丈10～30センチほど。名は、見た目がマメ科のハギ（萩）に似て、全体的に小さいのでヒメハギ（姫萩）だがハギとは全くの別種。よく見れば、華奢で地味な枝葉からは想像できないほど美しい花の姿は、羽ばたく鳥のようでもある。

3枚の花びらが中央に集まって房状に裂け、大きく横に広がるのは同じ色の萼《がく》で、花の時期には花びらに化け、果実の頃になると緑の葉に変身する。より華やかに見せるための巧妙な仕組みは、子孫繁栄の助っ人である虫たちの気を引くためで、ひっそりと咲いてはいるが、意外にしたたかな思惑が潜んでいるのだ。

奄美や沖縄の空き地などでは、同じ仲間で南アメリカ原産のカスミヒメハギ（コバナヒメハギ）が増えていて、霞《かすみ》の如く、たくさんの小さな白い花を咲かせている。

「森林浴」の言葉通り、森の木々が人の身心をリフレッシュさせてくれるのは確かだが、わざわざ森に出かけなくても、家の周りや道端で四季折々に咲く草花たちのささやかな一輪に癒されることもある。

・ヒメハギ科
・漢字表記／姫萩
・分布／日本全土

キヌラン
素朴な愛嬌もの

芝地に咲くキヌランの花
（2010.2.27 撮影）

一見、全てが枯れ草色の公園の芝地で、ぽかぽか陽気に浮かれながら歩き回っていたらこんなかわいい花に会えた。目が慣れてくると、ペロンと舌を出したような愛嬌たっぷりの花があちらこちらに。

大きく育っても背丈15センチほどで写真の株はほぼ実物大、枯れ草と同じ色で周囲に溶け込み過ぎて、芝生の一部にしか見えない。気付かずに踏みつけられても仕方がないのだが、これでもれっきとしたランの仲間。特に珍しいほどの植物ではなく、公園の芝地や道路脇の草地など、日当たりが良く、あまり人に踏みつけられない場所ならどこにでも現れ、数十本の固まりになったり、芝生の如く大量発生することもあるが、その気になって探さなければ見過ごしてしまうかもしれない。葉が細いことからホソバラン（細葉蘭）の名もあるが、心もとないほど繊細な姿なのでキヌラン（絹蘭）だろうか。

ランと言えば、珍しくて特別な存在だと思いがちだが、身近な土手や田んぼの畦、公園などで会えるランもあり、もしかしたら庭の雑草にだって混ざっているかもしれない。

キヌランはもちろん、ニラバラン（韮葉蘭）やムカゴソウ（零余子草）も今ごろが花。肉眼でははっきりしないほど小さくて素朴な花たちではあるがレンズを通して見ると、結構しっかりとした形で個性的、派手さはないけれど、やはり、ランはランである。

・ラン科
・漢字表記／絹欄
・分布／九州（南部）以南

ナワシロイチゴ
季節の使者

全開しないナワシロイチゴの花
（2009.3.1 撮影）

いつまで待っても開かず、さわるとすぐに散ってしまう。なぜか、これで満開状態なのだ。花粉を運んでもらう昆虫たちへのアピールは華やかに咲くこと、そんな花の常識はこの植物には当てはまらないらしい。

自花受粉防止なのか、限られた昆虫だけを誘うためなのか、5枚の花びらはしっかりと雄しべを包み、ブラシのような雌しべだけが外に出ている。受粉が済むと花びらが散り、その後、雄しべが現れるともいわれるが、まれに花びらの間から白い花粉が見えることもあるので、その真意のほどは花に聞いてみなけりゃ分からない。

子供の頃、イチュビ（苺）と呼んでよく食べていたのは、リュウキュウバライチゴ（琉球薔薇苺）やホウロクイチゴ（焙烙苺）。道端や畑の土手など、身近に生えていたはずのナワシロイチゴの実を食べた記憶がないのは、実を付ける暇がないほど頻繁に草が刈られていたせいなのか。

和名は、本土では苗代を作る旧暦5月の頃、実が熟すことに由来し、別名サツキイチゴ（皐月苺）とも。奄美での苗代作りは本土よりもうんと早いが、その頃に花が咲き、田植えが済む頃には紅い実が食べられる。方言名はノーシロイチュビ（苗代苺）、つる状の草全体がとげだらけなのでニギイチュビ（棘苺）とも。

田んぼも減って、「苗代」の言葉さえも消えてしまいそうな現代だが、豊作の願いを込めて大切な種もみをまいた記憶を、この花に重ねる人がいるだろうか。

・バラ科
・漢字表記／苗代苺
・分布／日本各地

オニキランソウ
どこでも会える北限種

奄美で見ることのできるキランソウの仲間は、本種の他にヒメキランソウとキランソウ、沖永良部以南に分布するヤエヤマジュウニヒトエ。この中で最も大型なので「鬼」が付くのだろう。バリエーションの多い淡い紫の小花が魅力的に重なる。

変化に富むオニキランソウの花
（2009.3.3 撮影）

本州や四国には、ジュウニヒトエ（十二単）なる洒落た名前の仲間があるのに対し、オニキランソウ（鬼金瘡小草・鬼金襴草）とはちょっと不服。花姿はそれに勝ると思うのだが。林縁部のやや湿り気のある場所に多く生え、冬の間にしっかり枝葉を広げ、寒さが緩み始めると一気に咲き出す。林道脇や畑の縁一面に咲き広がる風景は、「春来たり」の実感。どこにでも咲いている花だが、奄美を北限とする鹿児島県準絶滅危惧種。つる状に広がる茎や葉が真夏には枯れることから、ケナシツルカコソウ（毛無し蔓夏枯草）の別名も。

花や葉が地に這いつくばって咲き広がる様子を金襴の織物に例えたキランソウ（金襴草・金瘡小草）の名は中国名からで、ランに似た濃紫色の花は最初、シランソウ（紫蘭草）と呼ばれ、それが訛ったものとか。

キランソウは古くからの民間薬で、これを使った病人が治り、地獄の釜に蓋をされてこの世に追い返されるほどの効き目があるということからジゴクノカマノフタ（地獄の釜の蓋）や医者要らずの呼び名もあるが、傍らで咲く「鬼」たちには病気と戦う力はないのだろうか。

・シソ科
・漢字表記／鬼金瘡小草・鬼金襴草
・分布／奄美諸島以南

ハハコグサ
主役を追われた人気者

綿毛で覆われたハハコグサ
（2009.3.3 撮影）

春の七草、ゴギョウは本種、オギョウとも。新年の七日に新しい菜を食べる習わしが今の形に近づいたのは平安中期で、当時は7種とは限らなかった（湯浅浩史著『植物と行事』から）。1年の健康を願い、田畑に生えているセリ、ナズナ、ゴギョウ、ハコベラ（ハコベ）、ホトケノザ（コオニタビラコ）などの野草とスズナ（かぶ）、スズシロ（大根）を入れた粥を食べるのが現代だが、田舎はともかく、町中に住む人々がこれらをそろえることは難しく、七草を探しに行くのはスーパーマーケット。冬でも多くの野菜が育つためか、海、山のものに恵まれていたのか、本土の風習がちゃんと伝わってこなかったのか、若芽を摘もうにもすでに花が上がっているからか、奄美の小さな集落で育った私の記憶の中のナンカンドーセ（七草粥）の中身は、大根、白菜、豚肉、椎茸、ときどきエビ。

ゴギョウの大事な出番は他にもあって、生まれた子が無事に育つようにと、災いやけがれを身代わりに引き受ける母子の人形を並べ、この草をつきこんだ餅が供えられた。ひな人形の原型といわれるこの人形を御形（ゴギョウ、オギョウ）と呼んだのが名の由来らしい。ハハコグサの名は、母子の人形からとか、全体が綿毛で覆われ、花の後がほおけだつ様子からの古名ホオコグサが訛ったなど諸説。

ヨモギが主流になる以前の草餅の材料だったのが、いつしか色鮮やかで香り高いヨモギにその地位を奪われてしまった。

・キク科
・漢字表記／母子草
・分布／日本全土

リュウキュウシロスミレ
種に甘いおまけ付き

さすが南国奄美、正月早々に緋寒桜がほころび始め、畑や道端の草花たちの目覚めも驚くほど早い。これと言って撮影目的のない日に見回るお気に入りの畑で目に飛び込んできたのが、このリュウキュウシロスミレ。よくよく辺りを見渡せば、ハコベやハナイバナ、オオイヌノフグリも咲き始め、畑はすでに春の雰囲気だった。

花茎の長いリュウキュウシロスミレの花
（2007.3.4 撮影）

なんと言ってもスミレの魅力は多彩な花色と個性的な形、花の形が大工の線引き道具の「墨入れ」に似ることからの名前だとか。後ろに突き出た袋状の部分を距《きょ》と呼び、それは、ニワトリや牛馬の足の後ろにある蹴爪《けづめ》をも指し、奄美でもトゥリックヮ、トリグサの呼び名があるのも面白い。

奄美で最もよく見かけるのが、花が紫色のリュウキュウコスミレ（琉球小菫）だが、一口に紫色と言っても、濃い紫から純白に近いものまでバリエーション豊かだが、その白花が本種というわけではない。本種は沖永良部を北限とするタイワンヤノネスミレの変種とされ、葉の柄よりも花茎が長いことからエナガスミレ（柄長菫）の別名も。

季節はずれの開かない蕾は自花受粉中、それは、虫の少ない寒い季節に咲く植物が、近親結婚の危険を知りながらも選んだ子孫繁栄の知恵らしい。

はじき飛ばした種に甘い餌を付けてアリに運ばせるなど、かなりの戦略家でもあり、しばしば同じ色の花が広い群落を作るのは、戦略にはまったアリたちの苦労の賜物だろう。

・スミレ科
・漢字表記／琉球白菫
・分布／南九州、甑島、馬毛島以南

オニタビラコ
タンポポ似の小さな花

道端に咲くオニタビラコの花
（2018.3.4 撮影）

野山に花の乏しい今の時期、目に付くのはツワブキやホソバワダン、ノゲシの類やオニタビラコなどのキク科植物の黄色の花。本土辺りでは、春から夏にかけて咲くオニタビラコも暖かい奄美では一年中が花期で、田の畦や畑、家の庭、市街地のコンクリートのすき間など、いたる所に生えている。

タンポポに似るが、花は径1センチ弱と小さくて花数が多く、細く真っすぐな花柄は、栄養状態のいい場所なら100センチ近くになることも。本州や九州、喜界島に分布する同じ仲間のタビラコ＝コオニタビラコよりも大型なので「鬼」が付く。田んぼの土に平たく葉を広げた様子からタビラコ（田平子）と呼ばれたのだが、ムラサキ科のキュウリグサにもタビラコの別名があり、紛らわしいのでキク科の方は、オニタビラコの小型ということでコオニタビラコ（小鬼田平子）なのだが、なんともややこしい。広げた葉の形を仏の蓮華座《れんげざ》に見立てた春の七草のホトケノザ（仏の座）は、コオニタビラコのこと。

七草を分かりやすく今流に言えば、セリ、ナズナ、ハハコグサ、ハコベ、コオニタビラコ、カブ、ダイコン。この中で奄美大島（喜界島には分布）に生えてないのはコオニタビラコだけ。「代わりにこのオニタビラコを」と思うのは私だけではないだろう。そこで、食べてみた。

繊維が強く苦味も残り、食べられないことはないけれど、お勧めできる品ではなかった。

・キク科
・漢字表記／鬼田平子
・分布／日本全土

クロバイ
南の島で冠雪？

満開のクロバイの花
（2003.3.7 撮影）

初夏のような暖かさに、もう寒さは終わりかと気を緩めたら、翌日は思いっきり冬日。「三寒四温」の響きと寒さが身に染みるこの頃、萌《も》え出した山並みにまるで雪をかぶったような白い樹冠を見せるのが本種。山の高い位置に多く、木も高いので、方々の尾根筋の林道を走り回って撮影場所を探しても思うような撮影はできなかったが、意外にも絶好のチャンスは、よく散策に出かける近所のあかざき公園で訪れた。写真は２００３年のもので、残念ながら今は周囲の木が伸びて見晴らしが悪くなっている。径１センチに満たない小さな花の集まりだが、たくさんの雄しべが華やかさを添え、高さ10メートル、幹周り30センチを超えるような木が満開になった風情は圧巻。

燃やすと大量の灰が残ることから名の付いたハイノキ（灰の木）の仲間で、木肌や葉の色が黒っぽいのでクロバイ（黒灰）の名があり、枝葉を煎じて布や菓子を染めたので別名ソメシバ（染柴）とも。木灰は古い時代から肥料や染色などに幅広く利用され、特にこの仲間の灰は良質らしい。毎年、宇検村《うけんそん》の実家正面の山に春を知らせるように現れるこの木を、父は「クロンボ」と呼ぶ。

同じ頃にそっくりの花を付けるのが、葉を噛むと甘酸っぱい味のするアマシバ（甘柴）で、渓流沿いや谷あいでしだれ咲く姿は、やはり雪のよう。

沖永良部辺りでは、紫を帯びた花色のアオバナハイノキ（青花灰の木）も花の頃だろうか。

・ハイノキ科
・漢字表記／黒灰
・分布／本州（関東南部）以西

ウシハコベ
雌しべが自己主張

カラスノエンドウ（烏の豌豆）にスズメノエンドウ（雀の豌豆）、ノミノフスマ（蚤の衾）にノミノツヅリ（蚤の綴り）、イヌガラシ（犬辛子）、ウシハコベ等、まだ寒い時期から春にかけて道端や畑、田の畦、原野には、こんな動物の名前の付いた草花が次々に咲き出す。人の役に立たないという意味の「犬」を除けば、どれも植物の大小を表現したもので、ウシハコベの「牛」は春の七草、ハコベ＝ミドリハコベより大型だから。

畑に咲くウシハコベの花
（2011.3.8 撮影）

葉に丸みがあり柔らかい感じのするハコベに比べると豪快で茎が赤味を帯びるのが特徴、とは言っても、花は全く同じに見えるので草姿だけではなかなか見分けが難しい。決め手は、先端が分かれる雌しべの数で、ハコベが3本、ウシハコベは5本。一見、10枚に見える花びらだが深く裂けているだけで、実際は5枚である。

ハコベ（繁縷）の名は、いたるところにはびこるからとか、古語の波久倍良《はくべら》が転訛したものとか諸説あるが、正確な語源は不明らしく、「繁縷」は漢名から。ハコベ、ウシハコベのどちらも、麦作の伝来に伴って古い時代に外国から入ってきたと考えられている畑の雑草で、小鳥の餌に重宝され、日本各地にヒヨコグサやスズメグサの方言があり、この島でもメジロの餌にと、ハコベを探した思い出のある人も多かろう。

見過ごしてしまいがちな素朴な花たちを「蚤」まで引っ張り出して名を呼んだ、先人たちの遊び心と慈しみに脱帽。

・ナデシコ科
・漢字表記／牛繁縷
・分布／日本全土

シキミ

すべてが毒

薄紅を帯びたシキミの花
（2004.3.9 撮影）

奄美の最高峰・湯湾岳は694・4メートル、決して高山とは言えないが、登山道から逸れると迷うこともあり、冬と言えどもハブの恐怖は常に付きまとう。すり減る神経と運動不足を思い知りつつ、やっとの思いでたどり着いた尾根筋で、周りを見る気力も失せた頃、足元に落ちている花を見つけ、見上げると満開の枝。純白の花を付ける木や淡い紅を帯びた花の木もあり、少し縮れた感じの細い花びらは長さ2センチほど。思いがけないシキミの花との出会いに疲れもどこかへ吹っ飛んでしまった。

古い時代、人を弔う時に死臭を防ぐため、香りの強いシキミの枝を焚き込めたらしい。樹皮から作る「抹香《まっこう》」は葬儀の焼香に使われ、線香の材料でもあり、方言名もマッコウ、マッコウギ。小さな球体を押しつぶしたような形の実は劇毒で、食べたら死に至ることも。この毒のために「悪しき実」の名前をいただき、「悪《あ》」が略されて樒・梻（シキミ）とか。毒は木全体にあり、土葬が習慣だった時代、墓を掘り返す動物を防ぐために墓地や寺院に植えられるようになり、現在、仏前や墓前に供える習慣は、その名残だとか。

「樒」の文字は、密教とのかかわりを思わせるようだが、はっきりとはしない。神式に用いられる「榊《さかき》」に対して、仏式の「梻」の文字も。坊さんのように仏教じみた説教をすることを「抹香臭い」と言うらしい。

なんだか、思い当たることが無きにしもあらず。

・マツブサ科
・漢字表記／樒・梻
・分布／東北地方南部以西

田んぼの隅に咲くタガラシの花
（2009.3.15 撮影）

タガラシ
食べてはいけない芥子

艶々した肉厚の葉や茎が野菜のようで、とてもおいしそう。葉や茎に辛味があるので、「田んぼに生える芥子」でタガラシ（田芥子）の名があるのだが、決して食べてはいけません。米の出来が悪い痩せた田んぼに多く見られるため「田枯らし」の説も。

キンポウゲ科の仲間はほとんどが有毒だといわれ、本種も例外ではない。水が張られ、田作りの準備が進む水田の隅々に、ポツン、ポツンと立っていて、道端や田畑でよく見るキツネノボタン（狐の牡丹）に似ているが、葉の様子が微妙に違うし、なんと言っても花の真ん中の坊主頭が気にかかる。それは雌しべの集まりで、花が終わるにつれてどんどん伸び、出来上がった果実は楕球形、金平糖形のキツネノボタンの果実とは全く違う形だった。

稲作の合間の水田や溝などに姿を現すが、日本には麦類の栽培に伴って入ってきたとされる古い時代の帰化植物。さすがに、昔から生きながらえてきただけあって生命力がとても強く、掘り返されようが、泥の中に踏み込まれようが、たとえ水が干上がっても大丈夫。田んぼが埋められて畑地になった後でもびっしり生えていることもある。

花の最盛期は春だが、年中、田んぼのどこかでチラホラ。今、花盛りの人里の雑草たちはタガラシと同じように人間の都合で持ち込まれたものがたくさんある。

迷惑で邪魔にもなるが、雑草たちの姿が全く見えない風景は恐ろしい気がする。

・キンポウゲ科
・漢字表記／田芥子・田辛し・田枯らし
・分布／日本全土

ワスレナグサに似たキュウリグサの花穂
(2012.3.16 撮影)

キュウリグサ
素朴なワスレナグサ

花径2ミリほど、小さなこの花をちゃんと見るには虫眼鏡が必要かもしれないが、黄色の芯と淡い紫で縁取られた花びらのコントラストが見事。さらに印象的なのがサソリの尾を思わせるようにくるりと巻いた愛嬌のある花穂。麦耕作の伝来に伴って入ってきた古い時代の帰化植物とされ、原野、道端、畑や庭など、いたるところに生えている、いわば雑草である。

踏みつけていても気にも止めない存在なのだろうが、これがヨーロッパ原産の園芸植物ワスレナグサの仲間だと言えば見る目も違うはず。とても素朴だけれど、花姿は、そのワスレナグサにそっくり。地に張り付くように広げた冬越し用の葉(根生葉・ロゼット)の形からタビラコ(田平子)と呼ばれていたのが、キク科のコオニタビラコ(小鬼田平子)の別名タビラコと混同されるのでキュウリグサ(胡瓜草)の名になったらしい。葉を揉むと胡瓜《きゅうり》のにおいがするというのだが、それほど似ているとは思えなかった。

本種よりも早い時期から同じような場所で、よく似た花を咲かせるのが仲間のハナイバナ。こちらの方は花穂を作らず、一輪ずつが葉と葉の間に咲くので「葉内花」で、両者は見分けがつかないほど全体がよく似ている。

野山は花の季節、すぐに目に飛び込んでくる華やかなものは文句なしに魅力的だけれど、足元に咲くこんな小さな花たちもかなりおしゃれなのです。

・ムラサキ科
・漢字表記/胡瓜草
・分布/日本全土

ムラサキケマン
甘くて奥深〜い魅力

「私、この花大好き」と、知人が携帯電話の写真画面を見せてくれたのが、私も大好きなこの植物。林縁にある畑や道端の日陰で湿った場所に群生する。目立つことのない楚々とした花に気を留める人がいたのがうれしくて、ついついうんちくを語ってしまった。

やじろべえを思わせるムラサキケマンの花
（2010.3.18 撮影）

冬の間は地面に張り付くように広げていた葉の間から他の植物たちに先駆けて茎が伸び、花も咲き出す。セリに似た茎や葉はとても柔らかくておいしそうだけれど、全体が有毒。たくさんの花が垂れ下がって咲く様を仏殿の装飾具「華鬘《けまん》」に例えたもので、紫色の花を咲かせるのでムラサキケマン（紫華鬘）、まれに白花もあるとか。沿海地には黄色い花のキケマン（黄華鬘）やシマキケマン（島黄華鬘）も見られる。

一本の細い花柄で上手にバランスを取っている個性的な花の形はやじろべえを思わせて愛嬌たっぷり。ツンと突き上げたお尻の部分は距《きょ》と呼ばれる蜜の隠し場所で、スミレと同じ形。ほとんど口を閉ざしたような花なのにどんどん果実ができるのは、細い花をこじ開けてでも蜜を欲しいと思わせるよほどの魅力があるのだろう。弾け飛んだ種にはアリに運んでもらうための甘〜い仕掛けがあるそうだが。

最初の頃は「華鬘」などという言葉も知らず、カタカナ表記の植物の名をどこで区切ったらいいのか分からないで意味不明のまま覚えていた。漢字を見てその意味に驚き、先人たちの様々な思いにも触れたような気もした。

・ケシ科
・漢字表記／紫華鬘
・分布／日本全土

リュウキュウハナイカダ よくぞ名付けたり

一度見たら忘れられない不思議な花。ずいぶん以前から「ハナイカダ（花筏）」という名前だけは聞いていたが、まさか、こんな身近にあったとは。初めて出会ったときのうれしさは言葉では語り尽くせない。

名は、葉の中心に花を載せた姿を筏《いかだ》に例えたもの、花や実の付いた葉を水に浮かべてみたなら、きっと、その情緒ある名に納得するだろう。「なるほど」と感心するような花の名は数多くあるが、「この名付けのセンスには脱帽もの」と語る植物学者もいるほど。雌雄の株が別で、写真はほぼ実物大の雄花。2～3個しか花を付けない雌株に比べ、雄花は20個前後がぎっしりと集まり、小さな筏の上でやや定員オーバーな感がしないでもない。雌株には径5ミリほどの丸い実ができる。合理的とも思えるこの形は、花の枝と葉の中央脈が合体したものらしい。高さ2メートルほどになる落葉樹で、花芽を付けたまま開く新しい葉の様子は、大切なわが子を抱く母のようでもある。

奄美や沖縄産のものは九州以北に分布するハナイカダに比べ、葉が厚く細長いので、固有変種のリュウキュウハナイカダ（琉球花筏）として区別され、鹿児島県の準絶滅危惧種。湿り気のある樹林下に生え、ひときわ目に付く深緑色の真っすぐな細い幹はまるで竹のようで、方言名ヤマデー（山竹）も「なるほど」。花見でにぎわった峠の道はすっかり葉桜。その陰で静かに芽吹いている小さなお客を乗せた筏の姿がみずみずしい。

葉の上に咲くリュウキュウハナイカダの花
（2011.3.20 撮影）

・ハナイカダ科
・漢字表記／琉球花筏
・分布／奄美大島、徳之島、沖縄固有

ボロボロノキ
若葉の陰に小さな花

釣り鐘状のボロボロノキの花
（2011.3.20 撮影）

木の種類を覚えたての頃、面白いこの名前が気になって、生えている場所を教えてもらい、その辺りを何回も往復したがとうとう見つけることができず、しばらくの間諦めて、花の頃に再度探しに。すると、幾度も通ったはずの場所に、「前からここに居ましたよ」と言わんばかりのすまし顔で立っていた。黒々とした緑の常緑樹林の中で、緑を帯びた白い木肌に明るい若葉の色が、そこだけ光を浴びたように浮き出て見える。日本に分布するボロボロノキ科の植物は本種のみで、奄美では少ない落葉樹種の一つ。最初に来たときにはまだ葉が出ていなかったので見分けられなかっただけなのだ。落葉と共に細い枝もボロボロと落ちることからの名前で、材がもろくて使い物にならないからとも。

マメギ（宇検村）の方言名は、花よりも目立つ赤い果実からだと思えるけれど、ザアル（住用）、ウバンギ（実久）の呼び名は何からだろうか。

日当たりのいい林縁部に生え、高さ5～10メートルほど。若葉の展開に伴って径1センチ弱の釣り鐘のような花を付けるのだが、その花も緑を帯びている。緑の葉の陰に小さな緑の花房では、よほど意識しなければ見つけることは難しいかもしれない。

葉を削ぎ落として寒い冬を乗り切ったシマウリカエデやアオモジ、シマグワやリュウキュウハナイカダなどが、春を待ちわびたように芽吹きだしていた。

いずれも楚々《そそ》とした花芽を抱いて。

・ボロボロノキ科
・漢字表記／ぼろ〱の木
・分布／九州中部以南

ハマニガナ
逆境で生きる知恵者

海水浴にはちょっと早い浜辺、踏み跡の無い真っ白い砂浜に葉だけをまき散らしたような不思議な光景が広がっている。よく見れば径2～3センチほどの黄色い花もポツポツ、不思議な感じがするのは茎が全く見えないからだ。

砂の中が気になり掘ってみたら、つる状の白い茎がどこまでも伸びていた。それは、強い日差しから身を守り、水分を保つための植物の知恵なのだろう。葉も肉厚で丈夫、嵐の後でも塩害の気配も見せず、全てを砂に覆われてもすぐに這い上がってくる。他の植物たちとの競争が少ないとはいえ、波打ち際というなんとも厳しい場所を選んだものだ。

花がニガナ（苦菜）に似て浜辺に咲くのでハマニガナ（浜苦菜）、葉の形がイチョウ（銀杏）に似るのでハマイチョウの別名もあるのだが、イチョウというよりは菊の葉に似ていると思うのだが。本種の少し後方には花がそっくりのアツバジシバリも咲いているが、こちらは葉や花柄が長くて立ち上がっている。本来、奄美にニガナの自生はなく、公園の芝などに混じって持ち込まれたものが時折見られるのみで、奄美の人々がニガナと呼んで食用や民間薬として利用しているのはホソバワダン。

やがて潮干狩りや海水浴客でにぎわうであろう浜辺では、本種の他にもハマヒルガオ（浜昼顔）やグンバイヒルガオ（軍配昼顔）、ハマアズキ等のつる植物たちが、風に揉まれ、潮をかぶりながらも、それぞれの陣地でたくましく花を咲かせている。

・キク科
・漢字表記／浜苦菜
・分布／日本全土

砂浜に咲くハマニガナの花
（2003.3.23 撮影）

金平糖のようなママコノシリヌグイの花
（2010.3.23 撮影）

ママコノシリヌグイ
嫁や継子をいじめた

海岸近くの草藪に散らばるピンクの金平糖、その粒々の中に開いた花が1つ2つ。晴れた日中にしか咲かない花は、一見、小さくて地味な印象だが、アップで見ると意外にきれい。

とりとめなく広がる茎や葉にびっしり付いた鋭いとげは、他の植物に絡みついたり動物たちに食べられないためなのだが、人間にもとげの攻撃は例外なく襲ってくる。愛らしい花を手折ろうと触ったものなら、しつこく絡まれ、衣服の上からでもかなり痛い目をみる。

紙がとても貴重品だった昔、トイレットペーパーに使っていたのは草木の葉。数ある植物の中で、なるべくお尻に優しく広い素材を選んでいただろうに、拭いたら血だらけになってしまいそうなこの葉を実際に使ったとは思えないが、あまりのとげのすごさを継子《ままこ》いじめの表現に使われてしまった。同じタデ科のソバ（蕎麦）に似てとげだらけなのでトゲソバ（棘蕎麦）の別名も。継子だけではなく、嫁姑の微妙な関係も世の常なのだろう、全国に似たような意味の呼び名があり、長崎県対馬ではヨメノテヌグイ（嫁の手拭い）とか。奄美方言の記録には瀬戸内町のソマノオトクサがあるのみだが、やはり、いじめの言葉なのだろうか、残念ながらこの方言の意味が分からない。

赤味を帯びたとげだらけの茎が、日当たりのいい場所ではさらに真っ赤にさえる。それが血の色に思えたりするのは、この名前のせいだろうか。

・タデ科
・漢字表記／継子の尻拭い
・分布／日本全土

ムベ
山一番の秋の味覚

「あっ、おいしい」。小学生の孫たちのうれしい反応。昨年は豊作だったムベの実、中身はほとんど黒い種ばかりなのだが、かつて山一番の味は、やはり今でも美味なのだ。

海岸近くから山頂部にいたるまで、どんな所でも見られるつる性木本で、他の樹木などに絡みついて豪快に伸び広がっていく。雄花と雌花が同じ木の枝先で房を作るのだが、花びらのように見えるのは萼で花びらはない。果実はいびつな卵形、秋に紫色に熟すのを待ち構えているのは人間ばかりではなく、ほとんどは野鳥たちの取り分で、なかなか手に入らなかった。奄美に分布するこの仲間は本種のみ、屋久島以北に分布するアケビのように実は裂けない。常緑なのでトキワアケビ（常磐木通）やウベの別名もあり、奄美大島での呼び名はウムまたはウムィなど。「ムベ」と漢字の「郁子」の関係は分からないが、昔、老夫婦に長寿の秘訣はこの果実を食しているからだと聞いた天智天皇が、「むべなるかな（もっともである）」と言ったのが名の由来とか。茎は強心剤、利尿剤などの生薬でもある。

タブノキやイジュ、エゴノキ、シマウリカエデなどの鮮やかな芽吹きが始まった早春の野山で、白い花をどっさり付けて、他の木々を覆い尽くさんばかりの萌葱《もえぎ》色のつる植物が本種。道路脇ではイショビ（リュウキュウバライチゴ）の花も咲き、間もなく実もできる。飽食の世にどっぷりつかる小さなグルメたちよ、奄美の野山を存分に味わってほしい。

若枝に咲くムベの花
（2007.3.24 撮影）

・アケビ科
・漢字表記／郁子
・分布／本州（関東地方以西）以南

アカボシタツナミソウ
とても身近な固有種

寄せる波のようなアカボシタツナミソウの花
（2013.3.24 撮影）

木々の芽吹きは日に日に勢いを増し、人里では畑の雑草と呼ばれる植物たちの花盛りだが、作物を育てる人々にはとても迷惑な存在であろう。ハコベ（繁縷）やカタバミ（傍食）、ハハコグサ（母子草）など、数え上げればきりがないほどの春の草花たちが、競い合うように色とりどりの小花を咲かせ、愛嬌を振りまいている。普通に繰り返される季節の訪れが無性にうれしく、最も好きな時期である。

この時期に海の近くから山の奥まで、いたる所に登場する可憐な花が本種。見事に向きをそろえた花穂を、泡立って寄せてくる波に例えてタツナミソウ（立浪草）。アカボシ（赤星）は、葉の裏を透かした時に見える赤褐色の斑点を意味するラテン語の学名からとか。色目の乏しかった冬の道端にいち早く現れる鮮やかな花色は衝撃的で、散歩の途中でこの花が目に飛び込んできたらもう春は間近。少し前に山裾などで仲間のオニキランソウ（鬼金蘭草）が花畑を作っているとはいえ、存在感では圧勝だろう。奄美では普通に見ることはできるが、大切な琉球列島固有種である。

下唇を広げたような花弁の模様は虫を蜜のありかへ導くための目印で、中をのぞくと頭上では花粉が待機、果実の蓋が開くと種が滑り落ちる仕組みにも驚く。

ひっそりと咲く植物たちの、したたかでたくましく生きるための知恵袋はどこにあるのか、こっそり尋ねてみたい。

・シソ科
・漢字表記／赤星立浪草
・分布／琉球列島（固有）

水辺に咲くハンゲショウの花
（2013.3.24 撮影）

ハンゲショウ
半分だけ化粧する

暦に「半夏生」と呼ばれる日があるのを知ったのは、この花に出会ってから。サトイモ科のカラスビシャク＝ハンゲ（半夏）が咲く（生まれる）頃、という意味らしく、夏至から11日目。漢方薬として用いられるハンゲは毒草でもあり、花はヘビの頭に似ている。そんな花が畑や家の周りにうじゃうじゃ出てきたら、とても不気味だし、間違って食べたら大変なので、昔の人々はこの季節を暦に記して注意を促したらしい。

同じ時期に花が咲き、葉が白くなるドクダミ科のハンゲショウにも「半夏生」の字があてられるが全くの別種である。本来「半夏」は仏教用語で、植物の「ハンゲ」や「ハンゲショウ」とのかかわりはずいぶんややこしいようだ。

奄美大島でハンゲショウの花が咲き出すのは今頃。水田周りや湿地などに群生し、白変した葉が、濃い緑の葉の中に映えてとてもさわやか。繁殖力が強いので、休耕田一面がハンゲショウの花畑になることもあり、決して芳香とは言えない独特の香りが辺りに立ち込める。

穂になった花は小さい上に花びらを持たないので、代わりに葉を目立たせて虫たちにアピール。開花に伴って白くなった葉が、半分だけ化粧したようだと「半化粧」の文字が当てられたり、葉の一部だけが白いことから「片白草《かたしろぐさ》」とも。

花が終わる頃には役目を終えた白い葉は、化粧を落として元の緑に戻っていく。

・ドクダミ科
・漢字表記／半夏生・半化粧
・分布／本州以南

ルリハコベ
散りばめられた宝石

花の色を宝石の瑠璃《るり》に例え、草姿がハコベに似ることから付いた名前だが、ナデシコ科のハコベの仲間ではなく、こちらはサクラソウ科。

畑の畦や道端、原野の冬枯れの草の中からいち早く萌え出し、辺りをみるみる若草色に変えていく。地を這うように広がり、高さ10～20センチほど、今頃から初夏にかけてが花の最盛期で、径1センチ前後の小さな花だが、色のコントラストが見事。晴れた日の日中にしか咲かないので、曇り日には変哲のない野原が、日差しが強くなると一面に瑠璃色の宝石を散りばめたような花畑に一変。息をのむほど美しいその光景を目にすれば、雑草のイメージが吹き飛んでしまう。この花が咲きだす時期は、人々にとっては雑草との闘いの始まりでもあるのだが、春到来を実感させるうれしい風景でもあろう。

この島では、かなり奥地の畑などでも見られるが、本来は海岸近くの植物とされ、愛らしい花からは想像しがたい「毒流し漁」の材料だったとか。海岸近くに生えているのは、種子を潮の流れが運んだと思われ、その漁も繁殖に繋がったに違いない。紅色の花を持つヨーロッパ原産のアカバナルリハコベ（赤花瑠璃繁縷）もあり、小笠原諸島辺りではこれが普通らしい。奄美で見られるものはほとんどが瑠璃色だが、小笠原辺りから流れ着いたものだろうか、10年ほど前に瀬戸内町の請島の海岸で見始め、時折、海岸近くで咲いているのを見るようになった。

コントラストが見事なルリハコベの花
（2013.3.24 撮影）

- ・サクラソウ科
- ・漢字表記／瑠璃繁縷
- ・分布／本州（紀伊半島、伊豆七島）以南

草むらに咲くヤセウツボの花
（2013.3.24 撮影）

ヤセウツボ
忍び寄る有害植物

この日の狙いはハマウツボ（浜靫）だった。毎年、この時期に探し歩いているが、台風などでの海岸の地形変化のためか、10年前に撮影以来、一度もお目にかかれていない。延々と北大島の砂浜を歩き、獲物なしでがっかり気分の帰り道、道端の草むらからニョキニョキ頭を出している奇妙な物が目に飛び込んできた。ハマウツボそっくりだが、こんな場所に現れるはずがなく、全体毛だらけでくすんだ感じの色は、もしや、図鑑で見たヤセウツボ？

実はこのウツボたち、魚ではなくて植物。花の形が矢を持ち運ぶための筒状の入れ物「靫《うつぼ》」に似ることからの名で、砂浜に生えるハマウツボよりも細身なのでヤセウツボ。

マメ科植物やキク科植物、セリ科植物などの根に寄生し農作物を弱らせてしまうヨーロッパ、北アフリカ原産の有害帰化植物。日本には牧草などの種子に混ざって入ってきたとされ、１９３７年千葉県で見いだされた後、関東以西の道端で繁殖したらしい。奄美での初めての出会いは、２０１０年5月で、それ以前の侵入記録はないと思う。この場所の道路工事の吹き付け種子に混ざっていたとすれば、ずいぶん前からということになるし、他の所にもある可能性がある。ここでの宿主はマメ科のコメツブウマゴヤシだった。

歓迎すべきではないけれど、初めての花との出会いはうれしいもの。わずかでも時期を外せば会えなかった偶然を、難儀な海岸歩きのご褒美だと一人合点。

・ハマウツボ科
・漢字表記／痩靫
・分布／関東地方以西

個性的なイワタイゲキの花
（2008.3.29 撮影）

イワタイゲキ
岬の岩上に花畑

目の前には、ただ海が広がるだけ。気の遠くなるほど長い時をかけて自然の営みが刻み上げた岩の連なりは、あまりにも奇怪で不気味な風景だった。他の植物がほとんど生えていない乾いた岩場にこの花だけが咲いていて、そこに立つと、まるでこの世の際《きわ》のよう。

岩のすき間から咲き立つ花の塊が、旅立つ人へ手向ける灯籠のように思えてくる。黄色く目立つのは葉の変化したもので、その中心に花びらを持たない小さな花が包まれている。名は、中国に自生する同じ仲間のタイゲキに似て岩に生えるのでイワタイゲキ（岩大戟）。奄美大島では他にも、林縁部に生える固有種で数の少ないアマミナツトウダイ（奄美夏燈台）、畑などに多いトウダイグサ（燈台草）が分布している。トウダイグサの名は、花を付けた姿を、昔の室内照明器具、灯台に見立てたもの。

いずれも同じ時期に咲き、花もそっくりだが、きっちりとしたすみ分けがあり、一見、同じように見える花もよく見るとそれぞれ個性的。花の固定観念を吹き飛ばしてしまうほどユニークなつくりに感動したり笑ったりで、とても楽しい花たちである。

「百聞は一見に如《し》かず」、じっくり観察すると小さくて地味な花も結構とりこになるかも。

身近な仲間でお薦めは、クリスマスにおなじみのポインセチア。どれが葉でどこに花があるのか、虫眼鏡片手に花の奥深さを、ぜひ、ごらんあれ。

・トウダイグサ科
・漢字表記／岩大戟
・分布／関東地方以西

アマシバ
とてもお世話になった

あなたには、とてもお世話になりました。子供の頃、この木の葉を口いっぱいにほお張って噛み、汁を吸うと渋味と共にほのかな甘味もするので、山で見つけた大事なおやつだった。山の木々が競い合うように芽吹く春は、人々の食の蓄えが尽きる時期でもあったらしい。子供たちは手当たり次第、野山の物を口にして、この木にもたどり着いたのだろうが、今、口にしても、とても腹の足しにはならない。本種の仲間には、「スイート・リーフ（甘い葉）」や「ホース・シュガー（馬の砂糖）」などの別名を持つものがあり、草食動物が好むとか。この葉を先に食べだしたのも、やはり家畜だったのだろうか。

雪のようなアマシバの花
（2003.3.30 撮影）

高さ2〜5メートルの常緑樹で、花の時期以外は見過ごしてしまうほど地味な木ではあるが、奄美大島が北限の大事な種となる。谷間や川沿いに多く見られ、アマミセイシカが、故郷のインコジャ（宇検村河内川上流）で清楚な花を咲かせる頃、本種も同じ場所で雪のような花を川面にしだれ咲かせている。

今の時期、山の斜面にポツポツと現れる雪をかぶったような真っ白い樹冠は同じ仲間のクロバイ（黒灰）で、アマシバ同様の長さ5センチ前後の花穂を付けているのだが、見分けのつかないほどそっくり。

大木になるクロバイの葉はシイノキ（椎の木）似、木肌が黒いので、奄美では方言名のクロボーかクロンボの方が通りがいいだろう。

・ハイノキ科
・漢字表記／甘柴
・分布／奄美大島以南

林弥栄監修『野に咲く花』（山と渓谷社、1989）
星川清親『食べられる山野草』（主婦と生活社、1982）
牧野富太郎『原色牧野日本植物図鑑（コンパクト版）』（北隆館、1985）
光田重幸『検索入門　しだの図鑑』（保育社、1986）
茂木透／写真、石井英美・崎尾均・吉山寛ほか／解説『樹に咲く花　離弁花（１）』（山と渓谷社、2000）
湯浅浩史『植物と行事』（朝日新聞社、1993）
湯浅浩史『植物ごよみ』（朝日新聞社、2004）
湯浅浩史他『花おりおり』（１～５）（朝日新聞社、2003～2006）
『週間朝日百科・世界の植物』（朝日新聞社、1975～1978）

参考 WEB サイト

奄美自然観察記　https://blog.goo.ne.jp/inpre-anac
うちなー通信　http://utinatusin.com/
野の花賛花　http://hanamist.sakura.ne.jp/
ノパの庭　http://nopanoniwa.jp/
MIRACLE NATURE@ 奄美大島の自然　https://blog.goo.ne.jp/miracle_nature_amami

参考文献

浅井治海『樹木にまつわる物語』（フロンティア出版、2007）
畦上能力編『山に咲く花』（山と渓谷社、1996）
天野鉄夫『琉球列島植物方言集』（新星図書出版、1979）
伊藤元己・井鷺裕司『新しい植物分類体系―APGで見る日本の植物』（文一総合出版、2018）
岩槻邦男編『日本の野生植物（シダ）』（平凡社、1992）
恵原義盛『復刻　奄美生活誌』（南方新社、2009）
大川智史・林将之『琉球の樹木』（文一総合出版、2016）
大野隼夫『奄美の四季と植物考』（道の島社、1982）
大野隼夫「奄美群島帰化植物目録」機関紙『きょらじま』３号（奄美の自然を考える会、1990）
大野隼夫『奄美群島植物方言集』（奄美文化財団、1995）
鹿児島県環境生活部環境保護課編『鹿児島県の絶滅のおそれのある動植物―鹿児島県レッドデータブック（植物編）』（鹿児島県環境技術協会、2015）
鹿児島県薬剤師会編『薬草の詩』（南方新社、2002）
鹿児島県立大島高等学校南島雑話クラブ『挿絵で見る「南島雑話」』（奄美文化財団、1997）
鹿児島県立博物館『鹿児島県植物方言集』（鹿児島県立博物館、1980）
片野田逸朗／著、大野照好／監修『琉球弧　野山の花』（南方新社、1999）
佐藤武之『九州の野の花』（春、夏、秋）（西日本新聞社、1994）
清水矩宏他編著『日本帰化植物写真図鑑』（全国農村教育協会、2001）
白井明大『日本の七十二候を楽しむ』（東邦出版、2012）
高橋勝雄『野草の名前』（春、夏、秋冬）（山と渓谷社、2002〜2003）
多田多恵子『したたかな植物たち』（エスシーシー、2002）
寺田仁志『日々を彩る　一木一草』（南方新社、2004）
永田芳男『春の野草』（山と渓谷社、2006）
永田芳男『夏の野草』（山と渓谷社、2006）
永田芳男『秋の野草』（山と渓谷社、2006）
名越左源太／著、國分直一・恵良宏／校注『南島雑話』（１、２）（平凡社、1984）
名瀬市誌編纂委員会編『名瀬市誌　下巻』（名瀬市、1973）
昇曙夢『大奄美史』（原書房、1975）
初島住彦『琉球植物誌（追加・訂正版）』（沖縄生物教育研究会、1975）
林弥栄編『日本の樹木』（山と渓谷社、1985）

■著者プロフィール

原　千代子（はら ちよこ）

1955年、鹿児島県大島郡宇検村生まれ。子供時代を豊かな自然の中で過ごしたため、自然に対する好奇心、冒険心旺盛。

1994年、奄美の民俗研究者・里山勇廣《ゆうひろ》氏との出会いをきっかけに氏の指導の下で奄美の植物観察、写真撮影を開始。

2006年3月、奄美パーク・田中一村記念美術館（奄美市笠利町）で「奄美、花めぐり」と題して植物写真展を開催。

2007年5月、南海日日新聞にて植物写真エッセー「みちくさ」の連載をスタート。

現在も「奄美の自然を考える会」「奄美シダ類研究会」会員として活動しながら野山を歩き回っている。

琉球弧・花めぐり

二〇一九年六月三十日　第一刷発行

著　者　原 千代子

発行者　向原祥隆

発行所　株式会社 南方新社

〒八九二―〇八七三　鹿児島市下田町二九二―一

電話　〇九九―二四八―五四五五

振替口座　〇二〇七〇―三―二七九二九

URL　http://www.nanpou.com/

e-mail info@nanpou.com

印刷・製本　株式会社 イースト朝日

定価はカバーに表示しています　落丁・乱丁はお取り替えします

ISBN978-4-86124-402-5　C0645

琉球弧・野山の花
from AMAMI

◎片野田逸朗著 大野照好監修
定価（本体1,800円＋税）

世界自然遺産候補の島、奄美・沖縄。亜熱帯気候の島々は植物も本土とは大きく異なっている。植物愛好家にとっては宝物のような555種類のカラー写真。その一枚一枚が、琉球弧の自然へと誘う。

奄美の絶滅危惧植物

◎山下 弘
定価（本体1905円+税）

世界自然遺産候補の島・奄美から。世界中で奄美の山中に数株しか発見されていないアマミアワゴケなど、貴重で希少な植物たちが見せる、はかなくも可憐な姿。アマミスミレ、アマミアワゴケ、ヒメミヤマコナスビほか全150種。

奄美の稀少生物ガイドⅠ

◎勝 廣光
定価（本体1800円+税）

奄美の深い森には絶滅危惧植物が人知れず花を咲かせ、アマミノクロウサギが棲んでいる。干潟には、亜熱帯のカニ達が生を謳歌する。本書は、世界自然遺産候補の島・奄美の稀少生物全79種、特にクロウサギは四季の暮らしを紹介する。

九州・野山の花

◎片野田逸朗
定価（本体3900円+税）

葉による検索ガイド付き・花ハイキング携帯図鑑。落葉広葉樹林、常緑針葉樹林、草原、人里、海岸……。生育環境と葉の特徴で見分ける1295種の植物。トレッキングやフィールド観察にも最適。植物図鑑はこれで決まり。

野の花ガイド
路傍 300

◎大工園 認
定価（本体2800円+税）

庭先や路傍で顔なじみの身近な木々や草花。300種覚えれば路傍の植物はほとんど見分けがつくという。日本各地に分布する全364種を掲載。見分けるポイント満載の楽しい入門書が登場！ 歩くたびに世界が広がる一冊。

食べる野草と薬草

◎川原勝征
定価（本体1800円+税）

身近な植物が、食べものにも薬にも！ナズナ、スミレ、ハマエンドウなど、おいしく食べられる植物。そして薬にもなる植物。その生育地、食べ方、味、効能などを詳しく紹介。身近な植物を知り、利用して、暮らす知恵を磨く一冊。

増補改訂版
校庭の雑草図鑑

◎上赤博文
定価（本体2000円+税）

学校の先生、学ぶ子らに必須の一冊。人家周辺の空き地や校庭などで、誰もが目にする300余種を紹介。学校の総合学習はもちろん、自然観察や自由研究に。また、野山や海辺のハイキング、ちょっとした散策に。

日々を彩る　一木一草

◎寺田仁志
定価（本体2000円+税）

南日本新聞連載の大好評コラムを一冊にまとめた。元旦から大晦日まで、366編の写真とエッセイに、8編の書き下ろしコラムを加えて再構成。花の美しい写真と気取らないエッセイで、野辺の花を堪能できる永久保存版。

ご注文は、お近くの書店か直接南方新社まで（送料無料）。
書店にご注文の際は必ず「地方小出版流通センター扱い」とご指定ください。